ソフトウェア技術者のための
バグ検出ドリル

山浦恒央・大森祐仁 著

日科技連

はじめに

1. バグ発見ドリルのサンプル問題

　本書は、アイティメディア㈱の Web サイト MONOist に連載した「山浦恒央の"くみこみ"な話」の内容を大幅に改稿したものである。要求仕様、設計、コーディング、デバッグ、テスト、保守の各フェーズのバグを計 31 問出題した。いずれも、筆者が体験したバグを元に作ってある。

　まず、ウォーミングアップとして、以下の「ミケランジェロの呪い」のバグを見つけてもらいたい（バグを修正する方法も）。このバグも筆者が実際に体験し、解決したもので、バグの出現から対策までに 2 週間も要した。問題の中に、このバグを特定するために必要な情報やデータはすべて書いてある（ミステリー小説の黎明期の重鎮、エラリー・クイーンの推理小説の最終章の直前に出てくる「犯人を特定するすべての情報は読者へ提示された。殺人犯は誰か？」という「読者への挑戦」の同工異曲）。

ミケランジェロの呪い

　1992 年、筆者がボストンに駐在したときのこと。オフィスの規模が大きくなり、現地採用のアメリカ人エンジニアの数が 50 人を越えたことや、機密情報の保護強化のため、同年の 1 月の中頃、本格的な入退室セキュリティ制御システムを購入し、オフィスに設置した。このシステムは、典型的な組込み系で、中に組み込んだマイクロ・プロセッサが正面玄関、裏口、コンピュータ・センター、文書保管室の 4 つのドアと有線でつながり、ドアの開閉を制御する。なお、このシステムの制御装置の本体は、コンピュータ・センターに設置した。

　オフィスで働くプログラマは、一人一枚の磁気カードを持ち、正面玄関、裏口、コンピュータ・センター、文書保管室へ入るときに、ドア脇のリーダでカードを読み込ませる。休祝日、曜日、時刻、その人の入室権限などを入退室セキュリティ制御システムが総合的に判断してドアの開閉を

はじめに

コントロールする。

　玄関と裏口のドアは、平日の朝6時から深夜12時まで、全従業員のカードで開くが、それ以外の時間帯、および、休日、祝日は終日ドアがロックされ、正面玄関の内側に座っているガードマンに手で合図して中から開けてもらう。また、文書保管室やコンピュータ・センターは、高レベルの入室権限がないとドアは開かない。このシステムが本格的に稼働したのが2月のはじめだった。

　そのころ、全米の新聞やテレビで、「去年のように、ミケランジェロが生まれた3月6日に、コンピュータ・ウィルスが発病するのではないか」と話題になっていたが、筆者をはじめ、50人のプログラマは、他人事と思っていた。ところが、その3月6日に、オフィスの入退室セキュリティ制御システムが動作しなくなった。何度カードを読ませてもドアは開かない。とりあえず、その日はセキュリティ・システムを解除し、物理的な鍵による施錠と、手動操作でドアを開閉させることにした。

　不思議なことに、翌週、3月9日の月曜日には、セキュリティ・システムは正常に動作した。「新ミケランジェロ・ウィルスは、有効期限が1日限定なのかもしれない」と思い、気持ち悪さを感じつつも、「自然治癒」したと安心したが、その週の13日（しかも金曜日）、再び、セキュリティ・システムが機能しなくなった。

　以上の現象から、入退室セキュリティ制御システムが正しく動作しなかった原因を推理せよ。また、正常に動作させるための修正法も考えよ。

　筆者(および50人のプログラマ)が実際に「ミケランジェロの呪い」を体験して、まず、感じたのが「非常に不思議な動作をする」「法則性や再現条件が読めない」だった。原因が判明すると、実に単純な「設計フェーズ」のバグであり、不可解な動作の説明が簡単にできた。また、修正方法も簡単である(ミケランジェロのウィルスの原因、および、対策法は本書、第2章「設計フェーズのバグ」の問題6を参照)。

2.　本書で鍛える4つの能力

　日本で、圧倒的に知識レベルが高いのが高校3年生だろう。紫式部からDNAの構造、微分積から印象派の絵画、有機化合物の縮合反応から応仁の乱、

ティモール諸島の人権問題まで、あらゆる知識を幅広く深く持っている。書店に行くと、そんな高校3年生用にいろいろな参考書と問題集が並んでいる。高校3年生は、参考書を読んで知識を仕入れ、ドリル集の問題を解いて、知識の応用方法を確認しているのである。

プログラムを工学的に開発するソフトウェア工学の分野ではどうか？　専門書や参考書は多数あるが、問題集や練習ドリルは非常に少ない。ソフトウェア開発の全フェーズで非常に重要なことは、「バグを作らない」「バグを作った場合、そのバグを見つける」「見つけたバグを正しく修正する」であるが、このための実践的な技術を磨く参考書や問題集がほとんどない。これが、本書を書くきっかけである。

本書では、以下の4つの能力を鍛えることを目的としている。

---

(1)　バグを見つける嗅覚
(2)　他人の作ったプログラムを読む読解力
(3)　必ずバグを見つける強靭な精神力
(4)　自分の専門外でも、仕様をもとにバグを見つける汎用的な技術力

各項目について、詳しく書く。

(1)　バグを見つける嗅覚

世の中には、不可解な動作をするバグが非常に多く、プログラマは大いに悩む。すべての不可解な動作のバグに共通するのは、「バグは、不規則な動作をするが、原因はきわめて単純であり、不可解な現象を簡単に説明できる」ことであろう。これは、マジックに似ている。コインが消えるマジックは、超常現象に見えるが、実は、タネは非常に単純で簡単である。コインが消えた現象から、タネを推理するのがデバッグである。これには非常に高度な「技術力」と「推理力」が必要になる。

タネがわかれば自分にでもマジックができると考えがちだが、「知識」と「技術」は別物である。「タネを知っている」ことと、「自然な動作でマジックができる」は次元がまったく異なる。本書により、「デバッグの知識」を取得するのではなく、「バグを見つける嗅覚と技術力」を反射神経として身に付けてほしい。これを習得できると、「バグを作らない」という高度な能力も身に

はじめに

付く。

(2) 他人の作ったプログラムを読む読解力

プログラミングは技術系だが、同時に芸術系でもある。例えば、芸術家に、「切ない気持ちになる作品を作ってほしい」と依頼すると、画家、作家、作曲家、映画監督、舞踏家、写真家、彫刻家など、芸術家はいろいろな手段で作品を作る。「切ない気持ちになる物を作成する」は「仕様」であり、完成した絵、小説、写真、映画、音楽が「ソース・コード」に相当する。「考え方が正しければ、どんな作り方をしても正しいものができる」は、芸術でもプログラミングでも（囲碁や将棋でも）同じで、これが、「プログラミングはクリエイティブ」である所以である。

「クリエイティブであること」が困るのは、他人の「作品（ソース・コード）」を理解して、バグ修正するのが簡単ではないこと。「聞いていて切なさを感じない曲なので、バグがある曲」の譜面を見て、彫刻家が「ここのコード進行は、C7 → Dm7 → G7 → C△7 となっているが、終止感が強すぎるので、C△7 の前に A♭△7 → B♭7 を入れるとよい」と「高度に専門的なバグを指摘」するのは簡単ではない。プログラミングでも同様で。自分にはごく自然なコーディングであっても、他人には理解不能なロジックだったりする。これが、「クリエイティブ」であることの代償で、「自由すぎることはかなり不自由」なのだ。本書で、他人の作ったプログラムを読む力を養ってほしい。

(3) 必ずバグを見つけるという強靱な精神力

本書で、「必ずバグを見つける」という精神力も鍛えてほしい。囲碁、将棋、チェスでは、実践力を鍛える方法として、詰碁、詰将棋、プロブレムがある。21 手を越える長手数の詰将棋はきわめて難解で、つい、解答を見たくなる誘惑にかられるが、1mm も後退することなくじっと我慢して解くと、棋力だけでなく精神力も鍛えられる。本書では、じっくり腰を落とし、他人が書いたソース・コードと不可解な実行結果をもとに、「必ずバグを見つける」強靱な精神力も養ってほしい。

1 つ、認識してほしいのは、詰将棋は、どれほど難解なものでも、必ず詰む手順がある。これは、非常に強力な「ヒント」である。一方、現実の対局では、「この局面で 23 手の詰みがあります」というメッセージは出てない。これが、

vi

はじめに

「問題集」と「現実」の大きな違いである。あらゆる局面で、「詰み(バグ)があるかもしれない」との意識を持ち、「詰み(バグ)がありそうだ」という嗅覚を磨いてほしい。

⑷　自分の専門外でも、仕様をもとにバグを見つける汎用的な技術力

　情報処理系のエンジニアは、集合論、状態遷移モデル、グラフ理論、デシジョン・テーブルなどの離散数学系は、日常のプログラミングで使っているため得意だが、解析系や、物理の法則は苦手で、少し複雑な数式が出てくると拒否反応を示す場合がある。実際には、プログラミングでの数式演算は、「複雑な計算」というより「謎解き」に近いので、プログラマは得意なはずである。

　情報処理技術者は、将来、どこのプロジェクトでどんな製品を開発するか予測できない。自分の専門分野だけでなく、必要な情報が仕様書に記述してあれば、畑違いのプログラムでも、複雑怪奇な数式に惑わされず、適切に取り組んで開発できる「汎用性」が必要となる。

　本書の問題の中には、三角関数、統計の計算、行列演算も登場する。演算をするうえで必要な処理、アルゴリズム、情報や、実現する機能はすべて仕様として記述してあるので、「畑違いのプログラム」にじっくりチャレンジしてほしい。

3.　本書の構成と使用法

　本書は、6つの章からできており、どのページを開いて、どの問題を解いても構わない。各章だけでなく、各問題は互いに独立している。したがって、前の章を読んでいなくても問題を解くことは可能であり、ある問題を解かないと、次の章を理解できない、問題を解けないということはない(プログラムでたとえるなら、「モジュール間の結合度が低く、独立性が高い」)。

　本書では、ソフトウェア開発を構成する「要求仕様定義」「設計」「コーディング」「デバッグ」「テスト」「保守」の6つのフェーズすべてを取り上げ、バグを見つけてもらう。全部で31問出題した。

　本書のバグ検出問題は、以下の手順で解いてほしい。

①　まず、机上デバッグで、バグを見つける。

②　見つからない場合、実際にプログラムを動作させ。マシン・デバッグで見つける。

vii

はじめに

③　見つけたバグを修正する。

なお、各「解答−表1」内の「分類番号」については、巻末の付録1「バグの分類表」を参照されたい。

本書の各章の概要を以下に示す。

第1章「バグについてのいろいろ」

本書を書いた目的、本書により鍛えられる技術や能力、本書の使い方、バグの見つけ方、修正方法、ソフトウェアの品質、バグのアナロジーを概観したのが第1章である。

第2章「要求仕様フェーズのバグ」

最も高価なバグが要求仕様フェーズのバグであろう。要求仕様の段階でバグを摘出すると、修正コストは数百円だが、バグを見逃して実装フェーズに入り、市場に出ると、修正費用は数百万円から数千万円にものぼる。また、開発会社の社会的信用も低下する。

通常のデバッグでは、ソース・コードを読むだけでなく、実機でも実行させてバグを検出するが、要求仕様のバグは、仕様書(日本語)だけを読んで見つける。しっかり読んで、相互矛盾を見つけてほしい。

仕様上のバグは、バグを検出しても修正が難しい場合が少なくない。今回の問題2「小学生用の算数アプリケーション・プログラムのバグ」も、修正が難しいバグである。時間をかけて、挑戦してほしい。本書では、仕様関係のバグを5問出題した。

第3章「設計フェーズのバグ」

データの構造や、処理方式に関するバグである。設計には、プログラマ個人の趣味や好みが出るので、他人の設計書を読むのは簡単ではないし、バグを見つけるのはもっと難しい。本書では、設計関係のバグを3問出題した。

第4章「コーディング・フェーズとデバッグ・フェーズのバグ」

最も多いバグがこれであろう。実装時の間違いで、誤字脱字、誤解など、軽微なバグが多いが、そのバグにより、プログラムは不可解な動作をする。プログラムの不思議な現象と、ソース・プログラムから、バグを見つけてほしい。

viii

はじめに

本書では、コーディング系とデバッグ系の問題を 15 問出題した。

第 5 章「テスト・フェーズのバグ」

不適切なテスト項目を設計すると、機能を正しく検証できないため、バグを見逃してしまう。テスト系のバグは、条件の考慮漏れが多いと思われる。本書では、テスト系の問題を 5 問出題した。

第 6 章「保守フェーズのバグ」

第 1 バージョンが完成して市場にリリースし、第 2 バージョン以降の機能拡張、性能向上、新ハードウェアのサポートを実施するフェーズが保守である。保守で圧倒的に難しいのは、「他人の書いたプログラムを理解する」ことである。この問題集のすべてが、「他人の書いたプログラムを理解する」ことから始まるので、本書の問題を解けば、「保守技術」は自然に向上すると思う。本書では、保守系の問題を 3 問出題した。

付録 1「バグの分類表」

プロジェクトで品質制御を実施する場合、摘出したバグを分類すると便利である。いろいろな分類法があるが、最も詳細な分類と思われるボリス・バイザーの分類を取り上げる。

付録 2「動作環境、および、構築法」

本書で書いたソース・コードを動作させる環境、および、構築法を書いた。
なお、問題に用いたソース・コードは日科技連出版社のホームページ（http://www.juse-p.co.jp/）よりダウンロードすることができる。

謝辞

本書作成にあたり、ご協力、ご助言いただきました、玉城良さん、福山祐哉さんに感謝いたします。

2019 年 10 月

山浦　恒央

ソフトウェア技術者のための
バグ検出ドリル
目　次

はじめに………iii

第1章　バグについてのいろいろ………1

1.1　バグがあっても高品質なソフトウェア………1

1.2　バグのアナロジー………1

1.3　高品質のソフトウェアを作るということ………5

1.4　テストは、非創造的な作業か？………8

1.5　デバッグとテストの決定的な違い………9

第2章　要求仕様フェーズのバグ………11

2.1　要求仕様書………11

2.2　要求仕様のバグ………12

2.3　要求仕様フェーズのバグの問題………13

　　問題1　コンピュータ・ゲームのバグ………13

　　問題2　小学生用算数アプリケーション・プログラムのバグ………18

　　問題3　入場料計算画面のバグ………23

　　問題4　文字変換表のバグ………29

　　問題5　迷路探索プログラム………31

xi

目　次

第3章 設計フェーズのバグ………37

3.1　設計フェーズとは………37

3.2　設計フェーズ（処理方式）のバグ………38

　　問題6　ミケランジェロの呪い………38

　　問題7　座席予約システム………40

　　問題8　日報アプリケーション………42

第4章 コーディング・フェーズとデバッグ・フェーズのバグ………47

4.1　バグの最大多数は「書き間違い」………47

4.2　コーディング・フェーズとデバッグ・フェーズの
　　バグの問題（初級）………47

　　問題9　四則演算プログラム………47

　　問題10　平均点を求めるプログラム………49

　　問題11　角度計算プログラム………52

　　問題12　atan2 の算出………53

　　問題13　FizzBuzz 問題………55

　　問題14　コンパイル・エラー………57

　　問題15　2 行 2 列の行列計算………61

　　問題16　カウンタのバグ………63

4.3　コーディング・フェーズのバグの問題（中級）………65

　　問題17　標準偏差計算プログラム………65

　　問題18　文字列連結プログラム………69

　　問題19　1 文字スタックプログラム………73

4.4　コーディング・フェーズのバグの問題（上級）………77

　　問題20　旅行者情報管理プログラム………77

目 次

問題 21　2 分探索法⋯⋯84

問題 22　ファイルの文字表示プログラム⋯⋯91

問題 23　ストップウォッチ・シミュレータの仕様⋯⋯95

第5章　テスト・フェーズのバグ⋯⋯103

5.1　テスト・フェーズの目的⋯⋯103

5.2　テスト・フェーズのバグの問題⋯⋯105

問題 24　2 つの数値の加算プログラム⋯⋯105

問題 25　売上げ金額計算プログラム⋯⋯107

問題 26　三角形判定プログラム⋯⋯112

問題 27　曜日算出プログラムの単体テスト⋯⋯122

問題 28　温度変換プログラム⋯⋯129

第6章　保守フェーズのバグ⋯⋯135

6.1　保守フェーズ特有の課題⋯⋯135

問題 29　九九表示プログラム⋯⋯136

問題 30　ヒットアンドブローゲーム⋯⋯138

問題 31　電卓プログラム⋯⋯152

付録 1　バグの分類表⋯⋯161

付録 2　動作環境、および、構築法⋯⋯163

注　釈⋯⋯167

参考文献⋯⋯175

装丁・本文デザイン＝さおとめの事務所

xiii

第1章

バグについてのいろいろ

1.1　バグがあっても高品質なソフトウェア

　ソフトウェア開発と品質の関係、あるいは、品質とバグの関係は、直感で感じるほどは単純ではない。一般に信じられているように、高品質ソフトウェアとは、必ずしも、バグがゼロのプログラムではない。例えば、経験則としてよく言われるのが、以下の2つである。

- 40,000 ステップ以上のプログラムをバグなしで作るのは(ほぼ)不可能である。
- バグがあっても、高品質のプログラムはいくらでもある。

　上記は、日頃、誰しも感じている。では、どうすれば高品質のソフトウェアを開発できるかに関して、明快な解決策は簡単には出てこない。これは、対象が漠然としていることや、大きすぎるため、問題の本質を容易には把握できないためである。そんな場合、強力な「解決ツール」になるのが「アナロジー」であろう。対象が大きすぎて複雑な場合や理解するのが容易ではない場合、現実にある別の単純な物やモデルに置き換え、そちらを分析することで、本体の課題や問題点を解決する方法である。

1.2　バグのアナロジー

1.2.1　犯罪とバグの類似性

　「プロジェクトでマネージャが部下を活用するのは、将棋の駒を最大限に使うのに似ている」のように、複雑な事象を別の簡単なモデルに置き換えて考えるのが「アナロジー」である。

1

第1章　バグについてのいろいろ

　筆者は、ソフトウェア開発における課題や問題点に取り組んで30年以上になるが、いつも思うのは、「ソフトウェアのバグは、社会の犯罪者に似ている」である。例えば、犯罪者を考えると、以下のような特徴や傾向がある。下記で、「社会」を「ソフトウェア」に、「犯罪者」を「バグ」に置き換えても、ちゃんと成立するし、身近なモデルなので、考えやすくなる。

⑴　ある規模以上の社会には、犯罪者がいる

　人口20人の小さい村には犯罪者はいないだろうが、東京都内のように1,200万人を越える人がいると、犯罪者はいる。同様に、100ステップ程度のプログラムをバグなしで作ることは可能だが、1MLOC（100万行）のプログラムでは、不可能であろう。大規模プログラムの開発では、「バグなしでプログラムを開発する」のではなく、「バグはあるもの」との前提で「バグを少なくする」方針を取るのが現実的である。

⑵　犯罪者がいても、社会は正常に機能する

　社会の秩序のレベルが高いと、犯罪者がいても、ライフラインを維持し、正常で平穏な社会生活が営める。高品質プログラムは、バグがあっても、正常に機能する。逆に、バグがあっても、ソフトウェアが正常に機能するよう、リスク管理的な考え方を取り入れて、品質管理を進める必要がある（すなわち、重要な機能はしっかりテストし、重要度の低い機能は、テストをある程度割愛する「トリアージュ的」な戦略を導入する）。

⑶　駐車違反レベルから、社会全体を破壊する犯罪者までいろいろいる

　バグにより、システムに与える影響度は異なる。メッセージの誤字脱字のような軽微なものから、システムを破壊する深刻なバグまで多岐にわたる。システム破壊が最悪のバグと思われがちだが、これより重大なバグがある。「自システムの範囲外まで破壊するバグ」であり、例えば、無関係の他銀行のデータベースを破壊したり、ミサイルが勝手に発射されて人や建物に大きな被害が出たり、原子力発電所の制御プログラムのバグで周囲の環境が放射能汚染されるなど、第三者に被害を及ぼすプログラム不良は、絶対に避けねばならない。

2

1.2 バグのアナロジー

(4) 犯罪者の検挙だけでは、犯罪を撲滅できない。犯罪防止の教育、犯罪の原因を取り除くなどの予防対策が必要

これは、ソフトウェアの品質管理での永遠の真実である。開発時に、まず、バグを作り込まない工夫をし、その網を逃れて入り込んだバグをデバッグやテストで摘出するのが、本当の品質管理なのだ。「まずは、作るだけ作って、あとでまとめてテストして品質を確保する」という方法では、時間がいくらあっても高品質ソフトウェアはできない。アジャイル系の開発では、同方式の都合のよいところだけをつまみ食いし、「設計ドキュメントの作成を必要最低限に抑え、なるべく早くコーディングし、品質向上はテスト・フェーズで実施すればよい」と誤解しているプログラマが多く、品質に不安を覚える。

(5) 犯罪をなくすための予算、時間、人員は限られている

1万回のループが3段でネストするプログラムは、「作成に30分、テスト（全パス網羅）に10万年」かかることもある。開発よりも、テストや検証作業に遙かに多くの時間がかかるが、現実のソフトウェア開発プロジェクトでは、仕様書の作成と検証、設計書の作成と検証、ソース・コードの作成と検証を考えると、作成と検証の割合は60：40程度。テストやデバッグには、多くても開発時間の半分程度しか割けない。この少ない時間で、いかに重大なバグを効率よく叩き出すかが勝負になる。

1.2.2 デバッグと犯罪の検挙

犯罪の場合、テストやデバッグに相当するのが、「取り締まり」や「捜査」であろう。犯罪者を検挙する場合、目標にした犯罪者が集中している可能性の高い場所を集中的にパトロールする必要がある。この「目標を意識する」が非常に重要で、密輸を取り締まる場合、幹線道路から1本中へ入った道路を朝の8時半頃にパトロールしても、駐車違反は大量に捕まえられるが、成田空港や横浜港へ行かないと密輸は検挙できない。テストやデバッグでも同様で、以下を実施する必要がある。

- どんなバグを検出するのか、明確に認識する。
- そのバグを摘出するには、どうすればよいかを考える。

3

第1章　バグについてのいろいろ

　例えば、「境界・限界にはバグが最も多く存在する」⇒「境界・限界系のバグを摘出したい」と考え、境界値や限界値を分析して、テスト項目を作成する必要がある。

　かつて、アメリカ人のソフトウェア開発技術者は、ランダムにキー入力してエンターを押す、いわゆる「モンキー・オペレーション」を異常に好んだ。デバッグというと、「モンキー・オペレーション」しかやらないプログラマを何人も知っている。この「ランダム・テスト」は、操作が派手で、いかにもバグを叩き出せそうに見えるが、叩きだすバグを絞り込んでいないため、効率の良いテストはできない。警官が漫然とパトロールしているだけでは、犯罪者を効率よく検挙できないのと同じだ。

　ソフトウェアのデバッグやテストを効率よく推進し、高い「打率」でバグを検出するには、以下のステップが必須になる。

---

①　仕様書を解析し、開発者は、こんな間違いやエラーを犯す可能性があると想像する。
　　⇒例えば、「メモリの解放漏れ」を起こす可能性がある。
②　その場合、プログラムに、こんな不都合が起きるはずと想像する。
　　⇒何時間、何日間も連続稼働させると、メモリを食い潰してシステムがダウンする。
③　その不都合を検出するテスト項目を設計する。
　　⇒長時間稼働させるテスト項目を設計する。

1.2.3　想像を超えた犯罪は検挙できない

　「どんなバグを検出するかを明確にする」ことは、裏を返せば、「自分に想像できないバグは摘出できない」ということである。犯罪でも同様で、「想像を超えた犯罪は、犯罪の被害を受けている最中でも気がつかない」ことになる。今でこそ、「振り込め詐欺」は、一般の認知度が上がって被害者が減ったが、そんな犯罪がまったくなかった20年前だと、被害に遭ったことも認識できない人が多かったと思われる。

　考えつかないバグは摘出できないため、いかに「バグの想像力」を駆使するか、どれだけ「バグの知識と経験」を備えているかは、テストやデバッグでは非常に重要となる。「ソフトウェアは、開発するよりテストするほうが格段に

4

難しい」といわれる理由の1つがこれである。「想像力の限界が品質の限界」なのだ。

この「バグの想像力」が、いわゆる「エラー・ゲシング（error guessing）」であり、テストやデバッグでは非常に強力な武器になる。

1.3　高品質のソフトウェアを作るということ

高品質のプログラム作る大前提は、まず、バグを作らないことである。それでも、バグは潜入するので、見逃したバグを見つけ、修正することになる。高品質のプログラム作るには、以下の能力が必要になる。本書で、この技術を習得していただければ幸いである。

- まず、バグを作らない
- 他人のプログラムを読んで理解する
- バグを検出できる
- バグを正しく修正できる

上記の各技術について、要点を簡単に解説する。

1.3.1　バグを作らない

最初にざっくりとプログラムを作り、後でじっくりデバッグしようと思ってはならない。現代の「デスマーチ的なソフトウェア開発」では、「後でじっくり」の時間は、絶対にないし、バグのある仕様や設計をベースにコーディングすると、バグが大きく拡散・拡大する。まず、バグを作らないという固い信念が重要である。

また、バグを作りにくいアルゴリズムやデータ構造にすることも意識してほしい。処理時間が少ししか速くならないなら、自分しか理解できない複雑なアルゴリズムを使ってはならない。プログラミングは、「個人の頭の良さを誇示する場ではない」ことを肝に銘じるべきだ。自分が作ったプログラムでも、3カ月も経つと、他人のプログラム同様、理解するのが難しくなる。

「バグを作らない」うえで、意識してほしいのは、「大きなプログラムを作らない」と「自分で新しく作らない」である。筆者の経験では、ソース・コード

5

第 1 章　バグについてのいろいろ

1KLOC（1,000 行）当たりの平均的なバグの数は 5 個前後である。バグの数を減らすには、「コンパクトなプログラム」を作ることを心掛けること。ただし、「無理をして最少行数で作る」と、理解容易性が急激に低下するので、「わかりやすく小さいプログラムを作る」が重要である。「自分で新しく作らない」は、「既に存在するプログラムがあれば流用する」の意味である。既に稼働しているソフトウェアは、「機能の実装」と「品質」の両面で一定の水準を越えており、安定稼働している。開発期間の短縮だけでなく、「品質のカプセル化」として品質保証の視点でも、既存プログラムの再利用を考えてほしい。

1.3.2　他人のプログラムを読んで理解する

　ソフトウェア開発技術者にとって、自分で自由にプログラミングするのは楽しいが、他人のソース・コードを読んで理解するのは「地獄の苦しみ」である。いろいろなプログラマは、自己流でコーディングをする。これを解読するのはトップ・プロの能力である。変数名の命名法、インデンテーションから、処理方式に至るまで、個人差が大きく、「他人の常識は、自分の非常識」と思える箇所も少なくない。そんなソース・コードを読む訓練として、本書のプログラムのスタイルは、意識的に統一しておらず、さまざまなコーディング方式を混在させている。

　逆に言えば、自分の書いたプログラムを読む人のことを考えて、シンプルなデータ構造、処理方式、プログラミングにすべきである。

1.3.3　バグを検出できる

　バグの原因を見つけたとき、「すっきり感」がある。このすっきり感がなく、「これがバグの原因に違いない」と断定できない場合（1 つのバグに 1 週間もかかっていると、「これがバグの原因であってほしい」と思い込みたくなる）、本当のバグを検出できていないと思ってよい。バグの再現条件をピンポイントで特定できているかどうかが大きな鍵になる。

1.3.4　バグを修正できる

　バグの再現条件が特定できれば、バグはすぐに見つかるが、修正は簡単ではない。見つけたバグの修正でよくある不良が、「**修正不十分**」「**類似バグのチェック漏れ**」「**機能後退**」の 3 つである。

6

(1) 修正不十分

修正不十分は、バグの一部の現象だけ修正した場合で、例えば、閏年の計算で、「4 で割り切れる年は閏年」としか考えておらず、「100 で割り切れる年は平年」を追加したとする。閏年の計算は、これ以外に、「400 で割り切れる年は閏年」という条件があり、バグの修正で、これを考えていない場合は、「修正不十分」となる。

(2) 類似バグのチェック

類似バグのチェックは、バグが見つかったときの基本である。バグが見つかったときに、そのバグを修正するだけでは品質は絶対に上がらない。類似バグをチェックする必要がある。類似バグをチェックするポイントとして、まず、「同じ設計者が作った他のプログラム」「よく似た機能」の 2 点をチェックする。さらに、「なぜ、そんなバグを作ったかの原因を調査し、同じ要因の視点でプログラムを見直す」ことが必要となる(この 3 点のチェックは、自社で制定した「バグ修正プロセス」の中に組み込むべきである)。バグを作ったのは、「時間がなくて、十分に考えなかった」であれば、同様に、やっつけ仕事で設計した箇所をチェックしなければならない。「十分考えたのに、バグを作りこんでしまった」は、根が深い。大きな勘違いがあり、他の箇所でも、「大きな勘違いによるバグ」が存在する可能性がある。

(3) 機能後退

バグの修正により、他のまったく関係のない機能に悪影響を及ぼすのが「**機能後退(functional degradation)**」で、非常にタチが悪い。機能後退は、バグ修正でソース・コードを変更し、それにより、命令語のアラインメントが変わったり、ロード・モジュールの大きさが変化して、従来はメモリ中に入っていたプログラムが磁気ディスク上にあるままだったり、他のモジュールと干渉が発生して起きると言われている。例えば、水漏れしていたキッチンの水道のパッキングを新品に替えたところ、水漏れは止まったけれど、2 階のトイレの電灯が点かなくなる不可解な現象が機能後退である。

バグを修正したら、検証として、「バグ周辺のチェック」だけでなく、「バグ修正により、他の無関係の機能が悪影響を受けていないことのチェック」が必要となる。後者のチェックをするテストが、「回帰テスト(regression test)」

第1章　バグについてのいろいろ

で、製品出荷直前にバグを修正した場合や、顧客へリリースした後のプログラム変更では、メッセージを1文字しか変えない修正であっても、必ず、回帰テストを実行する必要がある。回帰テストでは、正常機能の通常処理を一通り実行させる場合がほとんどで、特殊ケースや異常時の処理を含める必要はないし、テスト項目数も少なくて構わない。バグの修正は、くれぐれも慎重に。

1.4　テストは、非創造的な作業か？

　ソフトウェア開発の現場では、「テスト技術者は、開発設計者より能力が劣る」という不当な偏見があるように思う。

　例えば、「テストは、創造的な仕事ではない」「品質保証エンジニアは、プログラム開発エンジニアより、技術力、能力が低い」「テスト・エンジニアは、プログラマの尻拭いをしている」「テスト技術者は、開発の進捗を遅らせる方向へプロジェクトを後ろ向きに押している」「テスト・エンジニアは、システム開発能力がない」「開発部と品質保証部は、同じプログラムに対し同じテストする。品質保証部門は、テスト項目をまったく独立に設計・作成し、実行するので、時間と資源の無駄」など、いわれなき中傷を受けている。

　これは完全な誤解で、品質保証エンジニアは、プログラマより、はるかに高い技術力、能力が必要である。非常に創造的な仕事であり、システムを容易に開発できる能力がないと、品質制御は不可能である。

　例えば、原子力発電所の設計と、安全性のテストを比較すると、試験のほうが難しい（実際は、どちらも同等に難しいだろうが、例え話なのでご容赦いただきたい）。「炉心溶融が発生した場合、以下を実施する」と仕様書に書いてあるとする。実際に炉心溶融を起こせないので、仕様どおりかを確認するのはきわめて困難である。この困難を可能にするのが、高度な技術力を持った品質保証エンジニアなのだ。

　別の見方をすれば、期末テストで、テストを受ける生徒が開発エンジニアであり、テスト問題を作る先生が品質保証エンジニアである。

　あるいは、予備校の先生が品質保証技術者で、生徒が開発エンジニアとも言える。予備校の先生は、①生徒の長所、短所を見つけ、②弱い科目、苦手な項目を指摘し、③時系列的に弱点が是正される状況をモニタリングし、④志望校に合格させる。このプロセスは、まさに、品質保証のプロセスそのものである。

8

テスト・エンジニアは、まず、仕様書を解析し、開発者は、こんな間違いや
エラーを犯す可能性があると想像する。そして、プログラムにこんな不都合が
起きるはずと想定し、その不都合を検出するテスト項目を設計する。「想像力
の限界が品質の限界」であり、高度な想像力を備えているのがテスト技術者で
ある。

テスト技術者には、開発エンジニアより高度な技術力が必要なのだ。

1.5　デバッグとテストの決定的な違い

デバッグとテストは、厳密に見ると、「やっていること」は同じであるが、
意識と目的は正反対である。これを意識しないと、期待した効果が出ない。

デバッグは、開発エンジニアがテスト項目を設計し、それをプログラムに入
力して実行する。デバッグの目的は、「自分の作ったソフトウェアの正当性を
証明すること」である。「正しいことを証明する」ことは、いわゆる「悪魔の
証明」で、非常に困難。すべての機能に対し、正常系、異常系、境界・限界系
のテスト項目を設計し、チェックする必要がある[*1]。試験にたとえると、「模
擬試験」である。全科目を受験し、自分の長所、弱点を洗い出し、合格できる
レベルにもっていくのが模擬試験の最大の目的である。

一方、テストは、開発プロジェクトが「出荷できる品質に達しているので、
チェックしてほしい」と品質保証グループに持ってきたソフトウェアを検証す
る。品質保証エンジニアがテストを設計し、それをプログラムに入力して実行
する。テスト項目は、すべての正常機能系、異常系、境界・限界系をチェック
するように設計する。ここまではデバッグと酷似しているが、テストの目的
は、「他人が作ったソフトウェアが正しくないことを証明すること」である。
重大な不良があれば、「以降のテストを実施する価値なし」として、テストを
打ち切ってしまう。試験に例えると「入試」に似ている。入試の目的は、受験
生を落とすことにある。初日の1時間目の数学で足切り点に達しないと、その
時点で不合格。以降の試験は受けられない(受けても意味がない)。テスト技術
者も、最初の基本機能のテストケースが正常動作しないと、「テストする価値
なし」として以降のテストを打ち切る。

メンタル面でも、デバッグとテストは大きく異なる。デバッグは、「自分の
作ったプログラムの検証」なので、どうしても甘くなる。「我が子に限って、

第 1 章　バグについてのいろいろ

そんな恐ろしい犯罪をするはずがない」という親の心理になる。あるいは、文学賞に応募する小説のようなもので、自分では完璧と思っても、プロの審査委員が見ると穴だらけなのだ。また、開発エンジニアは、品質を「加点方式」で考える傾向にある。

　一方、品質保証エンジニアは、「他人の作ったバグだらけのプログラムをテストする」との意識があり、情け容赦なく厳しい条件でテストを実施する。品質を「減点方式」で考える傾向にある。

　デバッグとテストは、似て非なるものである。

10

第2章

要求仕様フェーズのバグ

2.1 要求仕様書

　筆者は、「要求仕様書とは、一般ユーザに向けた『製品の取扱説明書』である」と考えている。ソフトウェア全体をブラックボックスと見て、ユーザ視点の機能を記述したのが要求仕様であり、設計者に理解できるのが設計書であり、コンピュータにわかる「ドキュメント」がソース・コードである。同一のものが3つの形態に変わる(図 2.1)。

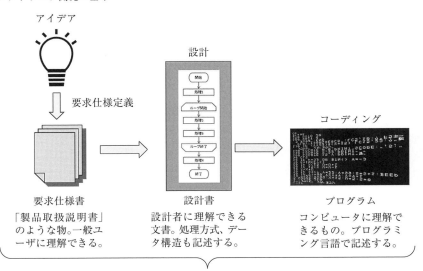

図 2.1　要求仕様書、設計書、プログラム

第2章　要求仕様フェーズのバグ

2.2　要求仕様のバグ

　要求仕様の特有のバグは、大きく分けると、以下の4つになる。

① 物理的に不可能な要求

② 自己矛盾を起こしている

③ その分野で備えるべき重要な要求を満足していない

④ 想定した開発期間、コストで収まらない

2.2.1　物理的に不可能な要求

　光より速い乗り物や永久機関は物理的に作れない。同様に、今のハードウェア構成や技術では実装できない機能や性能が要求仕様書に書いてあると、バグになる。このバグは意外に初期段階で見つけにくく、デバッグ・フェーズの最終段階である統合デバッグで見つかることが多い。高性能のハードウェアに入れ替えて、応答性能を実現できる場合は「軽度のバグ」で済むが、「仕様書に記述した処理性能を出すには、東京－大阪間の通信を100ナノセカンドで終了しなければならない」となれば、光より早い速度での通信が必要になり、実現不可能である。この場合、プロジェクトは打ち切りか、大幅変更となり、巨大な損失が発生する。処理性能系に少しでも不安がある場合は、要求仕様定義の段階で、プロトタイピングなどで確認する必要がある。本書では、「要求仕様のバグ」として、実現可能性に関する問題も取り上げている。

2.2.2　自己矛盾を起こしている

　自己矛盾は、複数人で要求仕様書を書く場合に起きる。あるページには「発酵槽の温度が47℃を越えた場合、バルブ7を閉じ、警報音を鳴らす」とあり、別のページに「発酵槽の温度が47℃を越えた場合、バルブ8を開け、冷却水を入れ、警報メッセージを表示する」と書いてある場合のように、同じ事象でも処理が異なる場合。このバグは、遅くともデバッグ段階で発見できるし、修正は容易であるため、大事には至らないことが多い。

2.2.3　その分野での重要な要求が満足できていない

　例えば、携帯電話で「音声通話中にメールを受信できないと、携帯電話の基本的な機能が欠落している」ことになり、バグとなる。この種類のバグは少な

いと思われるが、先物取引や航空管制など、高度に専門知識が必要な分野のプログラム開発の場合、プログラム開発側にその分野の十分な知識がないと発生する。致命的なバグになる場合が多い。

2.2.4 想定した開発期間、コストで収まらない

見積もりのバグ。開発の期間やコストを過小評価した場合に起きる。それでも無理やり開発しようとすると、「デスマーチ・プロジェクト」になる。デスマーチ・プロジェクトを残業や休日出勤などで対処するのは「確実に失敗する方法」である。また、よくある「人員の増加」も細心の注意で実施しないと、遅延がさらに拡大する。現実的な対策として、「実装機能の一部を第2バージョン以降に回す」「開発期間を延長する」ことを考えるべきである。

2.3 要求仕様フェーズのバグの問題

問題1 コンピュータ・ゲームのバグ（制限時間：30分）

組込み系では、分野によって「最悪のバグ」は大きく異なる。ゲームの世界では、「人が空中を歩く」「弾が当たっても倒れない」は大したバグではない（逆に、人気の要素になり得る）。ゲーム系の最大のバグは、「ゲームが売れない」。何億円ものコストと数年の期間を投入するゲームの開発では、「人気がない」は圧倒的に致命的なバグとなる。この「バグ」を起こさないよう、ゲーム業界では十分に時間をかける。実は、ゲームのソフトウェアでは、「ゲームが売れない」より深刻なバグがある。以下の問題を解きながら考えてほしい。

A君のプロジェクトは、ロール・プレイング方式の新しいゲーム、『惑星Zの大冒険』を作成することになった。ゲームでは、キャラクターが動くフィールドは、地球のような球体である「惑星Z」の世界とした。地球は真球ではないが、「惑星Z」は真球とする。ただし、モニター画面が2次元であるため、「惑星Z」の3次元の世界を「メルカトル図法」的に、2次元の地図のように表示することにした（問題1-図1）。

第2章 要求仕様フェーズのバグ

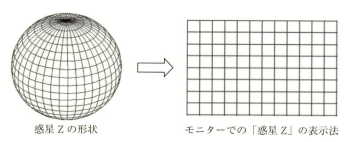

問題1-図1 「惑星Z」の表示法

問題1-図2 モニター上でのキャラクターの上下左右の動き

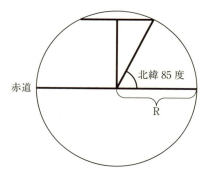

問題1-図3 「惑星Z」の緯度と緯線の長さ

　「惑星Z」に登場するキャラクター、乗り物、その他の動くものは、問題1-図2のように、モニター上では、左右と上下がつながり、連続した世界に「住む」ことになる。

　「惑星Z」をメルカトル図法形式で表現すると、北極と南極は点(面積も長さもない)なのに、距離があることになる。この矛盾を解決するため、北緯85度以北(北緯85度〜北緯90度)と、南緯85度以南(南緯85度〜南緯90度)は存

在しないとした。したがって、モニターの最上部は「北緯85度」、最下部は「南緯85度」とし、「北緯85度」と「南緯85度」がつながっているとする。

キャラクターや乗り物が移動する速度は、球体である「惑星Z」で動く速度を2次元のモニター上で表現するとする。したがって、見かけの速度は、モニターの最上部と最下部（北極付近と南極付近）より、中央付近（赤道）のほうが、同じ速度でも移動距離が短くなる。「惑星Z」の直径をRとすると、赤道の長さは$2\pi R\cos0$となり、北緯85度（あるいは、南緯85度）では、$2\pi R\cos85° = 2\pi R*0.087$となる（問題1-図3）。したがって、同じ緯度上を等速運動する場合、モニターの最上部と最下部（北緯85度上と南緯85度上）を1周するのに1時間かかるとすると、赤道上を1周するには、約11.5時間かかることになる。

上記の世界をキャラクターや乗り物が移動する。

上記の仕様のバグを指摘せよ。また、改定案を示せ。

解答1　コンピュータ・ゲームのバグ

この仕様のバグは、「プログラムは実現不可能」である（解答1-表1）。

「惑星Z」が球体だとすると、メルカトル図法的に2次元表示した場合、左右はつながるが、上下はつながらない。上下左右が連続した2次元平面は、3次元で表現すると、球体ではなくトーラス体（ドーナツ型）となる（解答1-図1）。このゲームは、「売れる・売れない」以前に、開発が不可能である。

地球のような球体をメルカトル図法のような2次元の地図で表すと、解答1-図2のようになる。解答1-図2では、東西方向（緯線方向、左右方向）は連続し、例えば黒い矢印のようにアフリカから西へ向かうと、大西洋を横断してアメリカの東海岸へ達するが、南北方向（経度方向、上下方向）は、上下で連続しない。例えば、白い矢印のように、スカンジナビア半島を北上すると、北極点を経由して、アラスカへ至る。解答1-図2のように、上下がつながっているとすると、北極へ向かう場合、南極から出てくることになり、「惑星Zは球

解答1-表1　コンピュータ・ゲームのバグ

バグ名	分類番号	不良分類名	作り込みフェーズ	検出フェーズ	重要度
実現可能性のバグ	12xx	仕様の論理	要求仕様	要求仕様	高

第2章　要求仕様フェーズのバグ

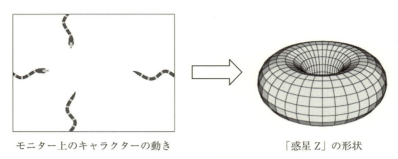

モニター上のキャラクターの動き　　　　　「惑星Z」の形状

解答1-図1　左右上下が連続する立体はトーラス体

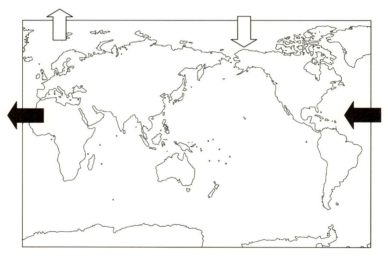

解答1-図2　メルカトル図法での東西南北の連続性

体である」に矛盾する。上下左右が連続した立体は、トーラス体であり、球体ではない。

以下に、このバグの4つの解決案を示す。「球体であること」と「モニター上で上下左右が連続すること」は同時に成立しないので、片方を放棄することになる。

① **解決案1**

解決案1は、「惑星Z」を球体とし、ゲームのキャラクターは解答1-図2のメルカトル図法の上を移動させることである。解答1-図3のように、モニタ

ー上の上下左右の連続性はないため、通常のゲーム画面に親しんだプレイヤーには、大きな違和感がある。

② **解決案2**

解決案2は、「惑星Z」を球体とし、モニターには「惑星Z」の一部を平面として表示することで、モニター上の上下左右の連続性を実現することである（解答1-図4）。この方式では、グーグルマップのような表示となり、プレイヤーには、「惑星Z」が球体であると体感できない。

③ **解決案3**

解決案3は、「惑星Z」を球体ではなく、トーラス体とすることである。トーラス体をメルカトル図法でどのように表すか（ビニール製の浮き輪をどのように切って2次元にするか）の課題があるだけでなく、速度計算など、設計が非常に複雑となる（「複雑」はバグのもとである）。ゲームのプレイヤーにも、「トーラス体」を平面として把握することは容易ではなく、大きな違和感があると思われる。

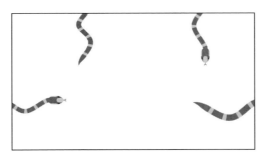

解答1-図3　解決案1でのキャラクターの動き

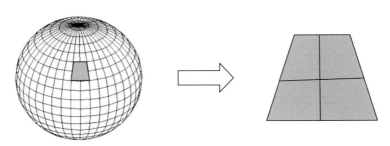

解答1-図4　解決案2

第 2 章　要求仕様フェーズのバグ

④　解決案 4

　解決案 4 は、「惑星 Z」を球体でもトーラス体でもなく、上下左右が連続する 2 次元とすることである。この方式では、ゲームの世界は、立体ではなく平面となり、ゲームの名称も、『惑星 Z の大冒険』ではなく、『新世界 Z の大冒険』のようになる。時間単位の移動距離はモニター上のすべての場所で同じとなり、設計しやすく、ゲームのプレイヤーにも違和感はない。これが最も現実的な対応策だが、ゲームの大きな「ウリ」であった「惑星 Z」は使えない。従来のコンピュータ・ゲームと同じ 2 次元の世界なので、差別化は図れない。名称は、『惑星 Z の大冒険』ではなく、『新世界 Z の大冒険』のように変える必要がある。既存のゲームと同じ 2 次元ワールドの世界観で、新ゲームがヒットするか、最初から検討しなければならない。架空の世界が現実より複雑なこともある。

問題 2　小学生用算数アプリケーション・プログラムのバグ
（制限時間：30 分）

　A 君のプロジェクトは、小学校高学年向けのアプリケーション・プログラムを開発している。ある日、プロジェクト・マネージャから、「小学 4、5、6 年生向けの算数のアプリケーション・プログラム、『算数で遊ぼう』を開発することになった。A 君は、その中の 1 つである三角形判定プログラムの『どんな三角かな』を作ることになった。『算数で遊ぼう』の中にある『どんな三角かな』のアイコンをクリックすると、三角形判定用の画面を表示する。その画面で三角形の辺の長さを入れると、三角形の種類を判定するソフトウェアだ。第一歩として『どんな三角かな』の仕様書を書いてほしい」と言われた。A 君が作った仕様書は以下のとおり。この仕様書のバグを見つけ、適切な修正案を示せ（このソフトウェアは、PC 上で動作する。また、動作環境や応答性能は省略している）。

三角形判定プログラム、『どんな三角形かな』の仕様
1.　機能概要

　本ソフトウェアは、画面上で三角形の 3 辺の長さを入力し、どんな三角形になるか判定するプログラムである。対象ユーザは小学校の高学年で、身近に

2.3 要求仕様フェーズのバグの問題

ある三角形の辺の長さを測って入力し、どんな三角形かを見つけ、幾何学に興味を持たせることを目的とする。

2. 前提条件
2.1 『どんな三角形かな』を動作させるうえで必要なハードウェア
　　略
2.2 『どんな三角形かな』を動作させるうえで必要なソフトウェア
　　略

3. 機能の詳細
3.1 初期画面表示
　『算数で遊ぼう』の中にある『どんな三角形かな』のアイコンをクリックすると、問題 2-図 1 の初期画面が全画面表示される。

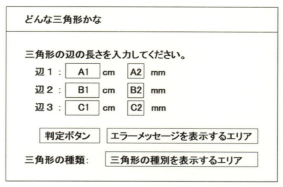

問題 2-図 1 『どんな三角形かな』の初期画面

3.2 各フィールドの説明
(1) A1、B1、C1
　三角形の辺の「cm」を表す。半角文字の整数を 3 桁まで入力できる。前にゼロがある場合は無視する。

(2) A2、B2、C2
　三角形の辺の「mm」を表す。半角文字の整数を 1 桁入力できる。ゼロの場

第2章　要求仕様フェーズのバグ

合は無視する。入力がない場合は、0とみなす。

(3)　判定ボタン

　このボタンをクリックすると、以下の三角形の種別を判定し、「三角形の種別を表示するエリア」に表示する。
- 不等辺三角形
- 正三角形
- 二等辺三角形
- 直角三角形
- 直角二等辺三角形
- 三角形はできません

(4)　エラー・メッセージを表示するエリア

　以下の場合はエラーとみなし、「入力した値が間違っています。もう一度入力してください」と表示し、A1～C2までの入力エリアをクリアする。
- A1～C2のいずれかに、1バイトの数字以外が入力された。
- A1～C2のすべてに入力されていない（ただし、「cm」に入力がある場合は、「mm」に入力がなくてもよく、「mm」に入力がある場合は、「cm」に入力がなくてもよい）。
- A1～C2のすべてに入力されていても、0cm0mmの辺がある。

　以上が、A君が定義した『どんな三角形かな』の仕様である。この中のバグを見つけよ。バグの指摘は難しくはないが、どのように修正するかは、意外に困難である。

解答2　小学生用算数アプリケーション・プログラムのバグ

　『どんな三角形かな』の仕様のバグは以下の3つ（この他にもあるかもしれないが、筆者が意図したのは、解答2-表1の3つ）。

その1：終了ボタンがない

　冷蔵庫以外のすべての電気製品には、「オン」と「オフ」のスイッチがある

20

2.3 要求仕様フェーズのバグの問題

解答 2-表 1 『どんな三角形かな』の仕様のバグ

バグ名	分類番号	不良分類名	作り込みフェーズ	検出フェーズ	重要度
終了ボタンなし	12xx	仕様の論理	要求仕様	要求仕様	中
入力欄のリセット法が不明	13xx	要求仕様の完全性	要求仕様	要求仕様	低
直角二等辺三角形にならない	11xx	要求仕様誤り	要求仕様	テスト	高

（冷蔵庫は、途中で電源をオフにしない前提なので、電源プラグを差し込んだ瞬間に動作する）。この『どんな三角形かな』は、『算数で遊ぼう』の中のアイコンをクリックすると起動されて、問題 2-図 1 の初期画面を全画面で表示する。この画面から『算数で遊ぼう』へ戻りたい場合、どうすればよいか、この仕様書では記述していない。ブラウザの「前に戻る」的なボタンが必要となる。「タスク・マネージャを起動して、『どんな三角かな』のプロセスをなくせばいい」は乱暴。ただ、このバグは、ブラウザの「前に戻る」で迂回できるし、統合デバッグで必ず見つかるので、それほど悪質なバグではない。

その 2：別条件で再度、三角形の判定をする方法が不明

　　正常な入力データを入力して三角形の種別を判定した後、別データで三角形を判定する方法がわからない。画面に、「もう一度ためす」ボタンを追加するなどの対策が必要。ただし、このバグは、デバッグの初期段階でわかるので、深刻ではない。

その 3：どんな数値を入れても直角二等辺三角形にならない

　このバグは非常に基本的な機能の重大なバグである。直角二等辺三角形は、3 辺の比が「$1:1:\sqrt{2}$」のときにしか成立しない。$\sqrt{2}$ を整数や小数で表すことはできず、この画面でどんな数値を入れても、直角二等辺三角形にはならない。これに気がついた人は多いだろうが、どう修正すればいいか？　以下の 2 案を検討する。

　　解決案 1：「有理数で無理数は表せない。よって、これはバグではなく仕様であり、直角二等辺三角形はできない」と、斬って捨てる。

第 2 章　要求仕様フェーズのバグ

解決案 2 ：√2 のような入力を許す。

　解決案 1 は、いわゆる「子供のお使い」的な解決法で、「気が利かない」解決案の代表である。小学生は、三角定規として、直角二等辺三角形と、辺の比が 1：2：√3 の直角三角形の 2 枚を必ずセットで持っている（それプラス、分度器がランドセルに入っているはず）。自分の持っている直角二等辺三角形の定規の 3 辺をミリ単位で測り、この『どんな三角形かな』へ入力したのに、「不等辺三角形」と表示されては、頭の中が「？？？」となる。このアプリケーション・プログラムの最大の目的が、「小学生に幾何学への興味を持たせる」ことなのに、それに反するのは、致命的なバグである。

　「√2 のような入力を許す」という解決案 2 は、飢餓で暴動を起こした民衆に、マリー・アントワネットが「パンがなければケーキ（正確にはブリオッシュ）を食べればいいのに」と言ったのと似ている。√2 のような無理数の考え方ができない小学生に対し、「小数点で表示できなければ√を使え」とは言えない。

　いろいろな解決策があるが。その 1 つを以下に示す。

解決案 3 ：三角形の 3 辺の比が、ほぼ「1：1：√2」になっていれば、直角二等辺三角形とみなす。

　この「ほぼ」というアナログ的で曖昧な概念をプログラムの中でどう扱うかは、簡単ではない。例えば、小学生が持っている三角定規の辺の長さが、10cm、10cm、14.1cm の直角二等辺三角形としたら、100：100：141〜142 の範囲なら直角二等辺三角形とみなすのも 1 つの方法である。「正確な比率のプラスマイナス 1% 以内なら直角二等辺三角形と判定する」でもよい。これで直角二等辺三角形の問題は解決する。「無事、仕様上と使用上のバグが見つかって修正でき、めでたしめでたし」ではない。話はここから始まる。

　この「ほぼ」の概念は、他の三角形にも適用しなければならない。直角三角形の判定は、ピタゴラスの定理を使う。「3：4：5」や「5：12：13」のような整数だけで直角三角形になるものはいくつかある[*2]。√2：√3：√5 も直角三角形となる。「バグが見つかったら、他の箇所に同類のバグがないかチェックする」必要があり、これは、品質制御の基本である。

22

2.3　要求仕様フェーズのバグの問題

　全種類の三角形に対し、「ほぼ」の概念を盛り込む必要がある。例えば、96.8cm、96.7cm、96.8cm なら、「正三角形」と判定せねばならない。ソフトウェア開発の難しいところは、「ほぼ」という曖昧な概念をプログラム中では正確に表記する必要があることで、例えば、「±1% は誤差範囲とする」などの「正確な記述」が必要となる。

　「何を目的にしたソフトウェアを開発しているのか？」を明確に意識することは、仕様を記述するうえで、また、仕様のバグを見つけるうえで、非常に重要である。

問題 3　入場料計算画面のバグ (制限時間：30 分)

　A 君のプロジェクトは、「ビックリ恐竜ミュージアム」のウェブ・サイトを開発している。A 君は、そのウェブ・サイトの一部である「入場料の計算画面」の設計と開発を担当することになった。入場する曜日、年齢、割引きクーポンにより、入場料が変わるので、入場料をわかりやすく計算する画面である。

　A 君が作った仕様書は以下のとおり。この仕様書のバグを見つけ、適切な修正案を示せ (このソフトウェアは、PC 上で動作する。また、動作環境や応答性能は省略している。

『ビックリ恐竜ミュージアムの料金計算画面』の仕様

1.　機能概要

　本ソフトウェアは、画面上に「入場予定年月日」「年齢」「割引きクーポンの有無」を入れると、入場料が表示される。複雑な入場料の計算を簡単にすることを目的としている。

2.　前提条件

2.1　『ビックリ恐竜ミュージアムの料金計算画面』を動作させるうえで必要なハードウェア

　　　略

2.2　『ビックリ恐竜ミュージアムの料金計算画面』を動作させるうえで必要なソフトウェア

　　　略

3. 機能の詳細
3.1 初期画面表示
『ビックリ恐竜ミュージアム』のウェブ・サイトのホーム画面上にある『料金計算画面』のアイコンをクリックすると、問題3-図1の初期画面を全画面表示する。

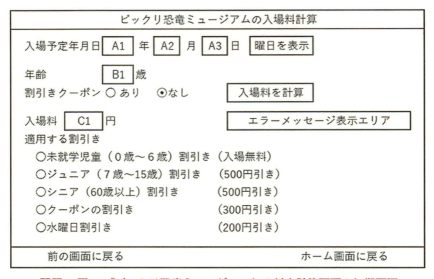

問題3-図1 『ビックリ恐竜ミュージアム』の料金計算画面の初期画面

3.2 各フィールドの説明
(1) A1、A2、A3

入場予定の年月日を入力する。年月日は、問題3-図2のように、カスケード式に表示し、そこから選択する方式である。

初期値は、画面を操作している年月日とする。過去の年月日を入れても構わないが、あり得ない年月日、例えば、2020年2月30日を入力した場合、エラー・メッセージ表示蘭にメッセージを表示する。

(2) 「曜日を表示」

入場予定年月日をもとに、プログラム内で曜日を計算して表示するエリア。水曜日は200円割引きになる。

2.3 要求仕様フェーズのバグの問題

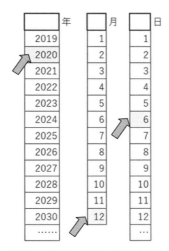

問題3-図2　年月日の入力方式

(3)　「年齢（B1）」

1バイトの数字で年齢を入力する。100歳超の高齢者も少なくないという社会的な状況を考慮して、3桁のフィールドとする。前にあるゼロは無視する。マイナス、小数点、分数など、数字以外を入力すると、エラー・メッセージ表示蘭にメッセージを表示する。

(4)　「割引きクーポンの有無」

割引きクーポンの有無をラジオボタンで選択する。初期値はクーポンなし状態で、なしに「◉」を表示し、ありは「○」とする。片方がオンになると、他方はオフにする。

(5)　「入場料を計算」

このフィールドをクリックすると、入場料を計算する。入力フィールドにエラーがあった場合は、エラー・メッセージ表示蘭にメッセージを表示し、入力フィールドを初期化する。

(6)　「入場料（C1）」

入力した条件により、入場料を計算する。基本料金は1,000円で、以下の割

第2章　要求仕様フェーズのバグ

引きがある。ただし、割引きは、最も大きいものを1つだけ適応する。

- 祝祭日にかかわらず、水曜日は200円引き。
- 割引きクーポンがあると、1人につき、300円引き。
- 0歳以上6歳以下は、「未就学児童割引き」として、入場無料
- 7歳以上15歳以下は、「ジュニア割引き」として、500円引き
- 16歳以上59歳以下は、通常料金。
- 60歳以上は、「シニア割引き」として、500円引き

(7)　「適用する割引き」

　　ユーザが入力した条件の中で、該当する割引き項目を表示する。「○」は、適用外、「◉」は、該当するが適用せず、「●」は、該当し、適用する割引き項目（最も割引額が大きい項目）を意味する。問題3-図3のように入力して、「入場料を計算」をクリックすると、問題3-図4のようになる。

(8)　「前の画面に戻る」と「ホーム画面に戻る」

　　クリックすると、各画面へ遷移する。

```
┌─────────────────────────────────────────────┐
│        ビックリ恐竜ミュージアムの入場料計算        │
│  ┌───────────────────────────────────────┐  │
│  │ 入場予定年月日 │2019│年 │12│月 │26│日 │曜日を表示│ │
│  │                                       │  │
│  │ 年齢      │12│歳                        │  │
│  │ 割引きクーポン ◉あり  ○なし    │入場料を計算│ │
│  │                                       │  │
│  │ 入場料 │    │円      ┌──────────┐       │  │
│  │ 適用する割引き          └──────────┘       │  │
│  │   ○未就学児童（0歳～6歳）割引き （入場無料）│  │
│  │   ○ジュニア（7歳～15歳）割引き  （500円引き）│  │
│  │   ○シニア（60歳以上）割引き    （500円引き）│  │
│  │   ○クーポンの割引き            （300円引き）│  │
│  │   ○水曜日割引き               （200円引き）│  │
│  │                                       │  │
│  │ 前の画面に戻る              ホーム画面に戻る │ │
│  └───────────────────────────────────────┘  │
└─────────────────────────────────────────────┘
```

問題3-図3　入力フィールドにデータを入れた状態

2.3 要求仕様フェーズのバグの問題

```
┌─────────────────────────────────────────────┐
│          ビックリ恐竜ミュージアムの入場料計算          │
│                                             │
│  入場予定年月日 │2019│年 │12│月 │26│日 │水曜日│      │
│                                             │
│  年齢      │12│歳                           │
│  割引きクーポン ◉あり   ○なし    │入場料を計算│    │
│                                             │
│  入場料 │500│円         │エラーメッセージ表示エリア│  │
│  適用する割引き                              │
│   ○未就学児童（0歳～6歳）割引き （入場無料）      │
│   ●ジュニア（7歳～15歳）割引き   （500円引き）    │
│   ○シニア（60歳以上）割引き      （500円引き）    │
│   ◉クーポンの割引き             （300円引き）    │
│   ◉水曜日割引き                 （200円引き）    │
│                                             │
│  前の画面に戻る              ホーム画面に戻る      │
└─────────────────────────────────────────────┘
```

問題3-図4　入場料、および、適用した割引き項目を表示した画面

　以上が、A君が定義した『ビックリ恐竜ミュージアムの料金計算画面』の仕様である。この中のバグを見つけよ。バグの指摘は難しくはないが、どのように修正するかは、意外に簡単ではない。

┌─ ─┐
│ **解答3　入場料計算画面のバグ** │
└─ ─┘

　この仕様には、解答3-表1の2つのバグがある（この他にもあるかもしれないが、筆者が意図したのは、この2個）。

解答3-表1　『ビックリ恐竜ミュージアム』の料金計算画面のバグ

バグ名	分類番号	不良分類名	作り込みフェーズ	検出フェーズ	重要度
999歳を受け付ける	12xx	仕様の論理	要求仕様	テスト	高
別条件での再入力法が不明	15xx	表示、ドキュメンテーション	要求仕様	テスト	中

27

第2章　要求仕様フェーズのバグ

その1：年齢が999歳でもエラーにならない。

　年齢を入力する数字フィールドが3桁なので、000から999まで入力できる。999歳はあり得ないが、エラーにならない。「100歳超を考えていない」とのユーザからのクレームを避けたいが、何歳までが現実的か、例えば、120歳を境界にするなど、簡単には判断できない。これを避けるため、入力フィールドを「年齢」ではなく、例えば、「0歳～6歳」「7歳～15歳」「16歳～59歳」「60歳以上」の4つから選んでもらう方式にする。

その2：もう一度、別条件で入場料を計算する方法が不明

　正常な入力データを入力して入場料を表示した後、別条件で入場料を計算する方法がわからない。

　バグその1とその2を解決する方法として、「年齢」フィールドを変更し、「再入力」が可能になるよう、「入力欄の初期化ボタン」を追加した改訂版の画面を解答3-図1に示す。

解答3-図1　「年齢」を変更し、「入力欄の初期化」を追加した改訂版

2.3 要求仕様フェーズのバグの問題

問題 4　文字変換表のバグ（制限時間：1 時間）

　仕様に記載した ASCII コード表（問題 4-表 1）から、小文字「a」〜「z」と大文字「A」〜「Z」を表示するプログラムを作成する。下記にプログラムの仕様、ASCII コード表、ソース・プログラム、実行結果を示す。実行結果では、小文字「b 〜 ｜」と表示している。バグの原因を推察せよ。

1.　機能概要

　ASCII コード表のコードを読み、小文字「a」〜「z」と大文字「A」〜「Z」を表示するプログラムである。

2.　機能の詳細
2.1　表示画面

　1 行目は、大文字「A」〜「Z」までを表示し、改行する。
　2 行目は、小文字「a」〜「z」までを表示し、改行する。

2.2　ASCII コード表

　ASCII コード表（0x21〜0x7F）をリスト 6-2 に示す。読み方は、「A」の場合、行が 40 で、列が 01 に対応するため、0x41 と読む。

問題 4-表 1　ASCII コード表

	00	01	02	03	04	05	06	07	08	09	0A	0B	0C	0D	0E	0F
20		!	"	#	$	%	&	'	(	)	*	+	,	-	.	/
30	0	1	2	3	4	5	6	7	8	9	:	;	<	=	>	?
40	@	A	B	C	D	E	F	G	H	I	J	K	L	M	N	O
50	P	Q	R	S	T	U	V	W	X	Y	Z	[	¥	]	^	_
60	'	\	a	b	c	d	e	f	g	h	i	j	k	l	m	n
70	o	p	q	r	s	t	u	v	w	x	y	z	{	｜	}	

```
/*

    PrintAsciiCode.c
    ASCIIコード表示プログラム
```

第 2 章　要求仕様フェーズのバグ

```c
*/
#include <stdio.h>
int main(void){
        int i;
        //A〜Zをコンソールに表示
        for (i = 0x41; i <= 0x5A; i++) {
                printf("%c ",i);
        }
        printf("¥n");

        //a〜zをコンソールに表示
        for (i = 0x62; i <= 0x7B; i++) {
                printf("%c ",i);
        }
        printf("¥n");
        return 0;
}
```

A B C D E F G H I J K L M N O P Q R S T U V W X Y Z
b c d e f g h i j k l m n o p q r s t u v w x y z {
　　　　実行結果

解答 4　文字変換表のバグ

　ASCII コード表が間違っており、正しい文字を表示できない(解答 4-表 1)。

　このプログラムは、問題 4-表 1 に示す ASCII コード表を参考に、アルファ
ベットの「A」〜「Z」、「a」〜「z」を表示するが、問題 4-表 1 の ASCII コ
ード表が正しくない。

　問題 4-表 1 を見ると、0x61 は本来「a」だが、バックスラッシュが入って
いる。この ASCII コード表を信じて、0x62 から表示すると、大文字は正しく
現れるが、小文字は b〜{ を表示してしまう。12 行目を「for(i = 0x61; i
<= 0x7A; i++){」とすべきである。

解答 4-表 1　文字変換表のバグ

バグ名	分類番号	不良分類名	作り込みフェーズ	検出フェーズ	重要度
ASCII コード表のエラー	11xx	要求仕様誤り	要求仕様	コーディング・デバッグ	高

2.3 要求仕様フェーズのバグの問題

　仕様書に記載した表、式、データ構造は、見慣れているので、中身をきちんとチェックしないことが多い。正しく動作しないので、ソース・コードを1行ずつチェックしてもバグは見つからず、「ちゃんとコーディングしたのに、なぜ、正しく動かないのだろう？」と、パニックになる。

　思い込みから抜け出すのは簡単ではない。「文字コード表」がないと自分で調べるので、0x61から表示するプログラムを書くはずである。今回、余計なものがあったため、起きた。仕様を書いた人は、「小さな親切」で文字コード表を載せたが、「大きなお世話」になった。

問題5　迷路探索プログラム(制限時間：1時間)

　本プログラムは、ユーザの入力により、現在地からゴールまでを探索するプログラムである。問題の情報から、どんなバグが発生するか考察せよ。

1.　機能概要

　本プログラムは、プレイヤーがキーボードから入力したキーに応じて、現在地からゴールまで迷路を探索する。

2.　機能詳細

2.1　フィールド

2.1.1　フィールドの大きさ

　探索するフィールドの大きさは、縦10マス×横10マスとする。

2.1.2　フィールドオブジェクト

　各マス目の表現方法は、下記のように「0〜9」までの数値を用いて表現する。

0：移動可能なフィールド

1：移動不可能なフィールド

2：現在地

3：ゴール

31

第2章　要求仕様フェーズのバグ

2.1.3　フィールドと座標軸の定義

フィールドの座標の範囲は(0, 0)～(9, 9)とし、座標軸は下記の問題5-図1に従う。

		X軸(0～9)									
		0	1	2	3	4	5	6	7	8	9
Y軸 (0～9)	0	1	1	1	1	1	1	1	0	1	1
	1	1	0	0	0	0	0	0	0	0	1
	2	1	0	1	1	0	1	1	1	1	1
	3	1	0	1	0	0	0	0	0	0	1
	4	1	0	0	0	0	1	1	1	0	1
	5	1	0	1	0	1	3	1	1	0	1
	6	1	0	1	1	1	0	0	0	0	1
	7	1	0	0	0	0	1	1	1	0	1
	8	1	0	0	1	0	0	0	0	0	1
	9	1	1	1	1	1	1	1	1	1	1

問題5-図1　フィールドと座標軸の定義

2.1.4　プログラム開始位置

プログラム開始位置は、座標(1, 1)から開始する。

2.2　移動

2.2.1　キーボード入力

プレイヤーは、キーボードの入力によって、進行方向や行動を決定する。各キーボードの入力キーを問題5-表1に示す。

問題5-表1　キーボード入力キーと進行方向の対応

キーボード入力キー	進行方向
W	上方向
S	下方向
A	左方向
F	右方向
Q	プログラム終了

2.2.2 プレイヤーの移動

現在地を (x, y) とすると、プレイヤーは以下の手順で移動する。

(1) キーボードから「↑」キーを入力した場合

フィールド座標 (y-1, x) の値を調べる。

(a)フィールドの座標 (y-1, x) が 3 の場合は、ゴールとなり、ゲームを終了する。

(b)フィールドの座標 (y-1, x) が 0 の場合は、フィールドの座標 (y-1, x) に 2 をセットする。また、元の座標 (y, x) を 0 とする。

(c)フィールドの座標 (y-1, x) が 1 の場合は、移動不可であるため、何もしない。

(2) キーボードから「↓」キーを入力した場合

フィールド座標 (y+1, x) の値を調べる。

(a)フィールドの座標 (y+1, x) が 3 の場合は、ゴールとなり、ゲームを終了する。

(b)フィールドの座標 (y+1, x) が 0 の場合は、フィールドの座標 (y+1, x) に 2 をセットする。また、元の座標 (y, x) を 0 とする。

(c)フィールドの座標 (y+1, x) が 1 の場合は、移動不可であるため、何もしない。

(3) キーボードから、「→」キーを入力した場合

フィールド座標 (y, x+1) の値を調べる。

(a)フィールドの座標 (y, x+1) が 3 の場合は、ゴールとなり、ゲームを終了する。

(b)フィールドの座標 (y, x+1) が 0 の場合は、フィールドの座標 (y, x+1) に 2 をセットする。また、元の座標 (y, x) を 0 とする。

(c)フィールドの座標 (y, x+1) が 1 の場合は、移動不可であるため、何もしない。

(4) キーボードから、「←」キーを入力した場合

フィールド座標 (y, x-1) の値を調べる。

(a)フィールドの座標 (y, x-1) が 3 の場合は、ゴールとなり、ゲームを終了する。

(b)フィールドの座標 (y, x-1) が 0 の場合は、フィールドの座標 (y, x-1) に 2 をセットする。また、元の座標 (y, x) を 0 とする。

(c)フィールドの座標 (y, x-1) が 1 の場合は、移動不可であるため、何もしない。

第2章　要求仕様フェーズのバグ

⑸　キーボードから、「Q」キーを入力した場合、プログラムを終了する。

制限事項
　フィールドは、問題5-図1を使用することを前提とする。

解答5　迷路探索プログラム

　本問題のバグは、「フィールドの領域外に進行可能」「座標定義が異なる」「仕様に誤字がある」の3つ（解答5-表1）。
　各バグの詳細を以下に示す。

解答5-表1　迷路探索プログラム

バグ名	分類番号	不良分類名	作り込みフェーズ	検出フェーズ	重要度
フィールドの領域外に進行可能	41xx	データ定義、構造、宣言	設計	テスト	高
座標定義が異なる	11xx	要求仕様誤り	要求仕様	コーディング	中
仕様に誤字がある	15xx	表示、ドキュメンテーション	要求仕様	コーディング	小

⑴　フィールドの領域外に進行可能

　この仕様によると、フィールドデータの値に従って、プレイヤーが進行できるかどうかをプログラムが判定する。フィールドのデータを見ると、フィールド座標$(7, 0)$（x軸が7、y軸が0）は、本来、進行できないマス目とするべきだが、データ上、進行可能エリアとなっている。フィールド座標$(7, 0)$から上方向に移動すると、フィールド座標$(-1, 7)$となり、領域外となる。動作環境によってはプログラムが停止する。
　解決策として、「フィールドデータの外側は、『1』か『3』に変更する」があるが、この修正方法は、ロジックではなくデータを変更して、領域外アクセスを防止している。表面的な動作は正しくなるが、ロジックを修正すべきである。
　今回の迷路のデータは、座標$(7, 0)$以外は、フェンスで囲み、進行不可に設定してある。設計者の意図が、「迷路は『1』で囲んであるため、領域外アクセスは起きない」であれば、その旨を仕様書に記述すべきである。その場合、迷

34

路データにバグがあることになる。ただし、仕様書にその記述があっても、「迷路は必ず『1』で囲ってある」と信じるのは危ない。良識のあるプログラマは、データにエラーがあり座標が領域外をアクセスする場合を考慮し、「塀の外へ行く矢印記号を無効にする」および「最初に、迷路が『1』で囲まれていることをチェックする」べきである。すべてを疑うのはソフトウェア開発の基本。

(2)　座標定義が異なる
以下の箇所に注目してほしい。

2.2.2　プレイヤーの移動
現在地を (x, y) とすると、プレイヤーは以下の手順で移動する。

(1)　キーボードから「↑」キーを入力した場合
　　フィールド座標 $(y-1, x)$ の値を調べる。
(a)フィールドの座標 $(y-1, x)$ が 3 の場合は、ゴールとなり、ゲームを終了する。
(b)フィールドの座標 $(y-1, x)$ が 0 の場合は、フィールドの座標 $(y-1, x)$ に 2 をセットする。また、元の座標 (y, x) を 0 とする。
(c)フィールドの座標 $(y-1, x)$ が 1 の場合は、移動不可であるため、何もしない。

　上記は、2.2.2 の仕様の一部を抜粋したもの。「現在地を (x, y) とすると」との記述があるが、その下に、「フィールド座標 $(y-1, x)$ の値を調べる……」のように x, y の順番が入れ替わっている。この場合、例えば座標 $(2, 4)$ で上方向に進むと、本来、座標 $(2, 3)$ をチェックするはずだが、座標 $(3, 2)$ となる。誤った座標へ進まぬよう、順番を合わせる必要がある。

　数学的には、座標 (x, y) の順番で記述するが、実装では、(y, x) と記述することが多い。非常に紛らわしいが、仕様として書く場合、「フィールド座標 $(x, y-1)$ の値を調べる……」のように、数学の慣例どおり、逆順に書くのが正しい。

第2章　要求仕様フェーズのバグ

(3)　誤字がある

　2.2.2 の(1)〜(4)の方向キーの名称に誤字がある。例えば、「(1)キーボードから「↑」キーを入力した場合」と書いてあるが、文章を読むと、上方向のキーは、「W」となっている。些細なバグだが、記述内容の食い違いは、読み手が混乱する。

第3章

設計フェーズのバグ

3.1 設計フェーズとは

設計フェーズは、仕様書(一般ユーザにわかるドキュメント)を、設計書(開発エンジニアに理解できるドキュメント)に変換することで、以下を実施する。

---

1) データ設計として以下を決める
   ①データ構造　②データ形式　③データサイズ
2) 処理方式の設計として以下を決める。
   ①モジュールの段階的詳細化　②アルゴリズムの詳細化　③モジュールの処理の詳細記述

設計には、プログラマ個人の趣向や好みが出やすい。プログラマ本人が「王道的なアルゴリズム」と思っても、他人から見れば変則的な処理方式である場合が少なくない。したがって、他人の設計書を読むのは簡単ではないし、バグを見つけるのはもっと難しい。

典型的な設計のバグが、伝説となった「西暦 2000 年(Y2K)問題」だろう。1960 年代、1970 年代に大量に作った COBOL のプログラムにおいて、年月日の「年のデータ」を西暦の下 2 桁しか持たなかったことに起因する。当時、「メモリは高価な資源なので占有量を節約したい」「今、開発しているプログラムが 30 年以上も稼働して、2000 年以降も使うはずがない」との思いが設計者にあった。「石器時代のプログラミング言語」といわれた COBOL だが、COBOL で書いた事務処理プログラムは大方の予想に反して生き残る。2000 年になると、年号が「00」になり、プログラムは「1900 年」と解釈してしまう。1999 年、2 桁の年号を 4 桁に拡張するため、大量のリソースを投入した。同年、人類のソフトウェア開発史上、はじめて新規開発したプログラムの量が前年度を

第3章　設計フェーズのバグ

下回った。

　考え得ることは実際に起きる。設計では、客観性があり、理解も容易で、拡張性がある処理方式を採用することが重要である。

3.2　設計フェーズ（処理方式）のバグ

> **問題6　ミケランジェロの呪い―入退室セキュリティ・システムの不可解なバグ（制限時間：4時間）**

　1992年、筆者がボストン支社に駐在していたときのこと。オフィスの規模が大きくなり、現地採用のアメリカ人エンジニアの数が50人を越えたことや、機密情報の保護強化のため、同年の1月の中頃、本格的な入退室セキュリティ制御システムを購入し、オフィスに設置した。このシステムは、典型的な組込み系で、中に組み込んだマイクロ・プロセッサが正面玄関、裏口、コンピュータ・センター、文書保管室の4つのドアと有線でつながり、ドアの開閉を制御する。なお、このシステムの制御装置の本体は、コンピュータ・センターに設置した。

　オフィスで働くプログラマは、一人一枚の磁気カードを持ち、正面玄関、裏口、コンピュータ・センター、文書保管室へ入るときに、ドア脇のリーダでカードを読み込ませる。休祝日、曜日、時刻、その人の入室権限などを入退室セキュリティ制御システムが総合的に判断してドアの開閉をコントロールする。

　玄関と裏口のドアは、平日の朝6時から深夜12時まで、全従業員のカードで開くが、それ以外の時間帯、および、休日、祝日は終日ドアがロックされ、正面玄関の内側に座っているガードマンに手で合図して中から開けてもらう。また、文書保管室やコンピュータ・センターは、高レベルの入室権限がないとドアは開かない。このシステムが本格的に稼働したのが2月のはじめだった。

　その頃、全米の新聞やテレビで、「去年のように、ミケランジェロが生まれた3月6日に、コンピュータ・ウィルスが発病するのではないか」と話題になっていたが、筆者をはじめ、50人のプログラマは、他人事と思っていた。ところが、その3月6日に、オフィスの入退室セキュリティ制御システムが動作しなくなった。何度カードを読ませてもドアは開かない。とりあえず、その日

38

はセキュリティ・システムを解除し、物理的な鍵による施錠と、手動操作でドアを開閉させることにした。

不思議なことに、翌週、3月9日の月曜日には、セキュリティ・システムは正常に動作した。「新ミケランジェロ・ウィルスは、有効期限が1日限定なのかもしれない」と思い、気持ち悪さを感じつつも、「自然治癒」したと安心したが、その週の13日（しかも金曜日）、再び、セキュリティ・システムが機能しなくなった。

以上の現象から、入退室セキュリティ制御システムが正しく動作しなかった原因を推理せよ。また、正常に動作させるための修正法も考えよ。

解答6　ミケランジェロの呪い

閏年の計算にバグがあった。

入退室セキュリティ制御システムの動作不良は、ミケランジェロのウィルスに感染したためではなく、同システムの閏年計算に不良があったことが原因である（解答6-表1）。

事件が起きた1992年は4で割り切れるため閏年だが[3]、セキュリティ・システムは、2月28日の次は3月1日としていたため、曜日がずれた。システムは、3月6日を金曜日ではなく、土曜日と認識し「休日モード」にしてドアをロックしてしまった。翌週の月曜日（システムは火曜日と認識）には平日モードとなり、ドアは正常に開閉した。

同セキュリティ制御システムには、3月6日は、ミケランジェロの誕生日ではなく、2月29日以降の最初の金曜日として、意味があった。そして、システムは、次の「13日の金曜日」を土曜日と認識し、ドアを休日モードにしてロックしたのである[4]。

ボストンのオフィスに勤務する50人以上の「最強プログラマ軍団」が、この不可解な動作の原因を解明しようと、仕事をそっちのけで挑戦したが、誰に

解答6-表1　入退室セキュリティ・システムの不可解なバグ

バグ名	分類番号	不良分類名	作り込みフェーズ	検出フェーズ	重要度
場合分けが不完全	23xx	場合分けの完全性	要求仕様	テスト	高

第3章　設計フェーズのバグ

もわからず、セキュリティ・システムの入れ換えが必要かとあきらめかけていた。そんな折、真夜中の3時、突如、筆者の夢の中に、「ひょっとして、閏年の計算ミスではないのか？」とのメッセージが現れ、興奮のあまり、夜中にオフィスまで車を飛ばして、確かめに行った。セキュリティ制御システムのディスプレイを見ると、推測どおり、日が1日進んでいた。わかってみれば非常に簡単な原因だが、ミスリードする要素が多かったため、50人の最強プログラマにも、きわめて不可解な事件となった。

翌朝、ドアが開かなかった原因をまとめ、最後に「Now, doors open, and the case closed（ドアは開き、事件は解決した）」と結んだメールをオフィスの全員に送ったところ、送信してから1時間後、「おめでとう」「よく見つけたね」の激励メールがぞくぞくと届き、エンジニアとして、とても嬉しく感じた。

このバグの解決策だが、製造元にバグを報告し、改訂版を送付してもらうのが本来の方式だが、それには数週間かかるだろう。最も簡単なのは、「日時を再設定する」で、所要時間は3分。これで、2週間も大勢が悩んだ不可解な動作不良が解決した。

動作不良の解決は容易ではない。ウィルスが絡むと、問題はさらに複雑になる。いろいろな可能性を1つずつ潰して、バグの原因を解明しなければならない。「自動車のエンジンがかからない場合、最初にガソリンが入っているかをチェックする」のように、プログラマは、まず、「基本」や「当たり前」の事象や条件からシステマティックに疑い、チェックして、原因を見つけようとする。時々、上記の「ミケランジェロ・ウィルス」のような思い込みが混じると、原因究明に思わぬ時間がかかる。

不思議な動作、不可解な出力をするバグも、原因がわかれば、「あぁ、そういうことか……」と、詰まったパイプに水が通るようにスッキリした気分になる。この「スッキリ感」が、「バグの原因解決の本当の証拠」と思う。

問題7　座席予約システム（制限時間：1時間）

1970年代のプログラム開発で「花形」だったのが、オンラインによる座席予約や、銀行業務システム（特に、ATMでの現金の引き下ろし）であった。

当時、ある鉄道会社の座席予約では、それまで、各駅の予約窓口や、全国の

3.2 設計フェーズ（処理方式）のバグ

旅行代理店が客から座席予約を受けると、東京の座席予約部門に電話をかけ、座席予約部門では、紙による予約台帳を見て予約事務を実施していた。この手作業を電子化し、駅や旅行代理店の端末から大量の予約をさばけるようにしたのがオンラインによる座席予約システムである。

同社では、予約の信頼性を上げるため、同一データを2つの異なる磁気ディスク上に置いた。2つのディスクの「空席」「予約済」データが一致した場合、処理を続行し、不一致ならデータ化けや異常があったと判断し、システムを一時停止。トランザクションのロールバックを実施して不一致の原因を究明し、両ディスクを同じ状態にして予約業務を続行した。

データの不一致は、頻度は低いものの、両方のディスクの不一致の原因を割り出して正常状態に戻すのに2、3時間を要し、この間、予約作業は停止する。無稼働時間を可能な限り短縮してほしいとの要請を受けた設計部門は、処理方式を変更し、停止時間を最長でも1時間にする案を提示。しかし、鉄道会社はこの改善案を却下した。却下した理由を考えよ。また、鉄道会社が想定した解決案を示せ。

解答7　座席予約システム

状態不一致の座席は予約済とみなし、予約システムを止めない（解答7-表1）。

オンラインの座席予約システムの最大の目的は、「予約を大量に効率よく処理し、売り上げを増やす」ことにある。数分でもシステムを止めると、全国の窓口での予約業務が停止し、大きな利益損失となる。鉄道会社が想定した解決案は、「空席、予約済が不一致の席は予約済とみなす（システムが稼働しない夜間に、不一致の原因を探り、正常な状態に戻す）。当日は、1座席分は捨てるが、予約業務を止めない」である。

「空席」「予約済」が不一致の場合、実際に「予約済」の確率は50％である。

解答7-表1　座席予約システムのバグ

バグ名	分類番号	不良分類名	作り込みフェーズ	検出フェーズ	重要度
状態不一致の座席の取り扱いのバグ	42xx	データのアクセスと取扱い	設計	テスト	高

41

第3章　設計フェーズのバグ

「空席」を予約済とした場合の損害額は数千円程度であり、全国の窓口で予約業務を止めることで逃す売り上げ額より遥かに小さい。

　システムを設計するエンジニアには、2つのディスクの状態が一致しないことは「最大関心事」だが、システムを運用する鉄道会社には、「利益の機会が失われる」が最重要であった。ユーザの考え方により、設計側の処理方式が変わる。

問題8　日報アプリケーション（制限時間：1時間）

　本プログラムは、作業者の1日の作業内容を記述する日報アプリケーションである。下記の情報を読み、問題点を指摘せよ。

1.　機能概要

　本ソフトウェアは、勤務者の1日の作業内容を印刷する日報アプリケーションである。

2.　機能詳細

2.1　入力情報

　ユーザは、GUIから下記を入力する。

（1）　和暦年、月、日を入力する。

（2）　氏名を入力する。

（3）　始業時間（時、分）を入力する。

（4）　終業時間（時、分）を入力する。

（5）　作業内容を記述する。

2.2　入力ファイル

　省略

2.3　画面イメージ

　画面イメージを問題8-図1に示す。

3.2 設計フェーズ（処理方式）のバグ

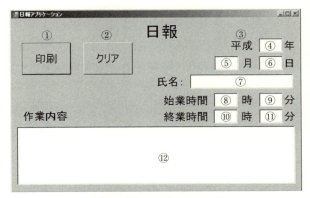

問題8-図1　画面イメージ

2.4　印刷機能
　印刷ボタンを選択すると、プリンタに印刷コマンドを送信する。なお、印刷に必要な設定項目は、後ほど決定する（今回は考慮しない）。

2.5　クリア機能
　クリアボタンを選択すると、入力項目をすべてクリアする。

2.6　異常処理
　各入力項目が、問題8-表1の形式でないか空欄の場合はエラー・メッセージを表示する。

2.7　各種機能
　・アプリを起動する場合は、実行可能形式のアイコンをダブルクリックし、日報アプリケーションを実行する。
　・右上の「×」ボタンを押すとウィンドウを閉じ、プログラムを終了する。
　・右上の「□」ボタンを押すと画面を最大化する。
　・右上の「＿」ボタンを押すと最小化する。

3.　データ設計
　画面イメージから、データ設計を以下に示す。

第 3 章　設計フェーズのバグ

問題 8-表 1　データ設計

項目番号	項目名	種別（ボタン、ラベル、入力項目）	サイズ	説明
①	印刷	ボタン	—	入力内容を印刷する
②	クリア	ボタン	—	入力内容をクリアする
③	和暦名	ラベル	全角で 2 文字以内	和暦の名前（名称は外部入力ファイルから自動的に設定するので、今回は考えなくてよい）
④	和暦年	入力項目	半角で 2 文字以内	和暦の年数
⑤	月	入力項目	半角で 2 文字以内	月
⑥	日	入力項目	半角で 2 文字以内	日
⑦	氏名	入力項目	全角で 32 文字以内	入力者の名前
⑧	始業時間時	入力項目	半角で 2 文字以内	始業時間の時（0〜23 時）
⑨	始業時間分	入力項目	半角で 2 文字以内	始業時間の分（0〜59 分）
⑩	終業時間時	入力項目	半角で 2 文字以内	終業時間の時（0〜23 時）
⑪	終業時間分	入力項目	半角で 2 文字以内	終業時間の分（0〜59 分）
⑫	作業内容	入力項目	半角全角（1,000 バイト以内）	入力者の作業内容

解答 8　日報アプリケーション

　和暦名、和暦年が 2 文字となっており、変更時の対応ができない可能性がある（解答 8-表 1）。

　このプログラムは、勤務者の作業日報を補助するプログラムである。このプログラムは、和暦名と和暦年が最大 2 文字しか記述できない。一般的な和暦名は、平成、令和のように 2 文字だが、3 文字以上になる可能性がある。また、和暦年も 2 文字しか記載できない。人間の一生は、100 年程度ではあるが、今後、寿命が延びて 3 桁になり得る。少なくとも、和暦名は 8 文字、和暦年は 4 文字分取りたい[5]。

　令和への改元では、政府が新元号の名称は漢字 2 文字と宣言したが、これか

44

3.2 設計フェーズ（処理方式）のバグ

解答8-表1　日報アプリケーションのバグ

バグ名	分類番号	不良分類名	作り込みフェーズ	検出フェーズ	重要度
和暦名、和暦年が3文字以上に対応できない	41xx	データ定義、構造、宣言	設計	テスト	中

らも漢字2文字と仮定するのはエンジニアリング的に危ない。世相は時代と共に急速に変化し、未来は予測できない。保守では、「西暦2000年問題」のような大改造・大騒動にならないよう、余裕を持たせるべきである。同時に、将来、和暦が廃止される可能性も考慮し、「和暦＝空白」でもプログラムが正常に動作するよう設計する必要がある。

　和暦の処理が面倒ならば、西暦で統一することも考慮すべきである。西暦にすれば、すべてのエンジニアが4文字分のデータを確保するし、変更は8000年先の話となる。

45

第4章

コーディング・フェーズと
デバッグ・フェーズのバグ

4.1　バグの最大多数は「書き間違い」

　作り込むバグの中で最も多いのがこれであろう。コーディング時の書き間違いで、誤字、脱字、衍字*6 や、誤解による誤記などが多い。「＝＝とすべき箇所を＝にした」など、きわめて単純なバグが該当する。コンパイル・エラーになる場合が多く、修正自体は数分で終了する。しかし、コンパイラをすり抜けると、プログラムは非常に不可解な動作をして、プログラマは大いに悩む。

　インデンテーションや、ローカル変数の命名規則など、コーディング・スタイルは個人により大きく異なる。この違いが、ソース・コードの可読性に大きな影響を与える。プロジェクトでコーディング規則を決めたり、自動的に同じ書式でインデントするテキスト・エディタを使うとよい。

　本章では、「バグの最大多数」であり「花形」であるコーディング・フェーズのバグを、初級（8問）、中級（3問）、上級（4問）に分類して出題した。

4.2　コーディング・フェーズとデバッグ・フェーズのバグの問題（初級）

問題9　四則演算プログラム（制限時間：10分）

　下記に、四則演算を実行するプログラムの仕様、ソース・コード、実行結果を示す。どこにバグがあるか推察せよ。

1.　機能概要

　本プログラムは、定義した整数型の変数 a, b から四則演算を実施し、コンソールに結果（整数値）を表示するものである。

47

第 4 章　コーディング・フェーズとデバッグ・フェーズのバグ

2.　機能詳細

2.1　四則演算

定義した 2 つの変数 a、b から和、差、積、商を実行する。

2.2　表示

それぞれの計算結果を表示する。

3.　制限事項

変数 a, b は整数型とし、値はハードコーディングする。

4.　プログラム

```c
/*
        ArithmeticOperation.c
        四則演算プログラム
*/
#include <stdio.h>
int main(void)
{
        //変数の初期化
        int a = 1, b = 2;

        //四則演算を実行し、結果を表示
        printf("和 = %d¥n",a - b);
        printf("差 = %d¥n",a + b);
        printf("積 = %d¥n",a * b);
        printf("商 = %d¥n",a / b);

        return 0;
}
```

5.　実行結果

```
和 = -1
差 = 3
積 = 2
商 = 0
```

48

4.2 コーディング・フェーズとデバッグ・フェーズのバグの問題(初級)

解答9　四則演算プログラム

「+」と「−」を誤って記述している(解答9-表1)。

解答9-表1　四則演算プログラムのバグ

バグ名	分類番号	不良分類名	作り込みフェーズ	検出フェーズ	重要度
「+」と「−」の記述ミス	51xx	処理	コーディング	デバッグ	小

　本問題は、定義した変数 a,b から四則演算を実施し、コンソールに出力するものである。実行結果を見ると、以下の部分に問題がある。

- 「1 + 2 = 3」になるはずが、「-1」となっている。
- 「1 - 2 = -1」となるはずが、「3」となっている。

　プログラムをよく見ると、以下のように、和と差を求める際の「+」と「−」の符号が逆転している。

```
// 四則演算を実行し、結果を表示
printf(" 和 = %d¥n",a - b);
printf(" 差 = %d¥n",a + b);
```

　演算子の間違いは、最も初歩的なバグだが、意外に手強い。統計や物理の複雑な数式になると、仕様に書いてある数式どおりにコーディングができなかったり、演算の優先順位が異なるバグとなる場合がある。
　コンピュータは、人間より圧倒的に高速で四則演算を実行できるが、演算の指定を間違えると正しい計算結果にならない。

問題10　平均点を求めるプログラム(制限時間：10分)

　下記に、仕様、プログラム、実行結果を示す。この中のバグを推察せよ。

第4章　コーディング・フェーズとデバッグ・フェーズのバグ

1.　機能概要

　本プログラムは、5人分の国語テストの点数から平均点を求め、コンソール
に表示するプログラムである。

2.　機能詳細

2.1　平均点の算出

　下記の式から平均点を算出する。

　平均点 = 点数の合計 / 5

　なお、平均点は、コンソールに小数点第1位まで表示すること。

2.2　点数のデータ

　使用するデータは、問題10-表1の5人分の点数データとし、データは、変
数 num [5] にハードコーディングする。

問題10-表1　生徒のデータ

生徒	国語の点数
A	70
B	83
C	100
D	33
E	89

3.　プログラム

```c
/*
        平均点算出プログラム
        Average.c
*/
#include <stdio.h>
int main() {
        int i;                                  //ループ変数
        float avg = 0.0;                        //平均点
        float num[5] = {70, 83, 100, 33, 89};   //点数データ
```

50

4.2 コーディング・フェーズとデバッグ・フェーズのバグの問題（初級）

```
for (i = 0; i < 4; i++) {
        avg += num[i];                   //各点数を加算する
}

avg /= 5;                                //平均点を算出する
printf("平均点 = %.1f\n",avg);           //結果を表示する

return 0;
}
```

4. 実行結果

平均点 = 57.2

解答 10　平均点を求めるプログラム

　5人ではなく、4人分のデータの平均点を算出している（解答10-表1）。

　この問題は、配列 num [5] に代入したデータの平均点を求めるプログラムである。仕様では、「5人分の国語テストの点数から平均点を算出する」と書いてあるが、ループのカウンターが「i < 4」となっており、4回しかループせず、実行結果が期待値と異なる。5人分の平均点を求めるならば、「i <= 4」とすべきである。

　境界値、限界値のバグは、バグの中で最も多い。このバグを作らないためには、プログラムの境界条件を正しく把握することが重要である。例えば、1〜10まで繰り返すプログラムでは、「0から繰り返していないか」、「10まで正しく繰り返しているか」など、境界条件を正しく把握しなければならない。プログラムには、多数の境界条件が存在し、すべてを検証することは容易ではない。プログラムを仕様どおりに動作させるためにも、無数にある境界条件を把握し、正しく実装することが重要である。

解答 10-表 1　平均値を求めるプログラムのバグ

バグ名	分類番号	不良分類名	作り込みフェーズ	検出フェーズ	重要度
4人の平均点を算出している	31xx	制御フローとシーケンス不良	コーディング	デバッグ	小

51

第4章　コーディング・フェーズとデバッグ・フェーズのバグ

問題 11　角度計算プログラム（制限時間：10分）

　角度から cosθ の値をコンソールに表示するプログラムを作成した。プログラムを実行すると、「cos60°= 0.50」になるはずだが、−0.95 なった。結果が正しくない原因を考察せよ。

1.　角度計算プログラム

```
/*
        角度計算プログラム
        PrintCosDegree.c
*/
#include <stdio.h>
#include <math.h>

int main(void) {
        //角度を代入する
        double deg = 60.0;

        //角度を表示する
        printf("cos60°= %.2lf¥n",cos(deg));
        return 0;
}
```

2.　実行結果

```
cos60°= -0.95
```

解答 11　角度計算プログラム

　cos 関数の引数として、角度をラジアンに変換していない（解答 11−表 1）。
　これは、cos 関数の引数に度数を代入する初歩的なミスである。cos 関数は、math.h の標準関数の1つで、引数にはラジアン（度数 ×π/180）を渡す。プログラミングの初心者のミスとして、cos 関数などの引数に度数を入れてしまうことがある。誰しも経験するバグで、筆者も何度も間違えたことがある。

52

4.2 コーディング・フェーズとデバッグ・フェーズのバグの問題（初級）

解答 11-表 1　角度計算プログラム

バグ名	分類番号	不良分類名	作り込みフェーズ	検出フェーズ	重要度
ラジアンに変換していない	32xx	コーディング、パンチ	コーディング	デバッグ	中

問題 12　atan2 の算出（制限時間：1 時間）

　新人エンジニアの A 君が、直角三角形の 2 辺、x と y の長さから atan2 の値を表示するプログラムを作成している。A 君は、「atan は、アークタンジェントの略称」と知っていたが、アークタンジェントが何かよく理解していなかった。また、「atan2」という関数を一度も使ったことがなかったため、C 言語でソース・コード作成する前に、Excel が実装している atan2 を使用し、概要を把握しようとした。問題 12-図 1 は、atan2 を Excel で算出したもので、A 列に x、B 列に y を入力すると、C 列に atan2 の結果（度数表記）を出力する。なお、D 列に算出式を示す。

　問題 12-図 1 から、atan2 は、「x、y の値を与えると、その座標と x 軸が作る角度を算出する」関数だとわかった（問題 12-図 2）。例えば、atan2 が 30 度

問題 12-図 1　atan2 計算用の Excel シート

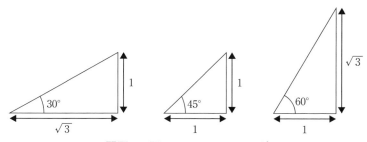

問題 12-図 2　atan2 のイメージ

第 4 章　コーディング・フェーズとデバッグ・フェーズのバグ

となるのは、x = $\sqrt{3}$(1.732051)で y = 1 のとき、45 度になるのは、x = 1 で y = 1 のとき、60 度になるのは、x = 1、y = $\sqrt{3}$ のときである。

　atan2 の概要を理解できたので、Excel で入力したとおりに C 言語で下記のプログラムを作成した(問題 12-リスト 1)。プログラムを実際に実行したところ、Excel で作成した値と一致しないことがわかった(問題 12-リスト 2)。作成したプログラムの結果が Excel の値と一致しない理由を考察せよ。ただし、問題 12-図 1、問題 12-図 2 に示した 3 組の x、y を入力する場合だけを想定する。

問題 12-リスト 1　atan2 を求めるプログラム

```
/*
        Printatan2Degree.c
        アークタンジェントの値を出力するプログラム
*/
#include <stdio.h>
#include <math.h>
#define PI 3.1415926535
int main()
{
        printf("atan2(√3, 1.0) = %.1lf¥n", atan2(sqrt(3.0),1.0) * 180
/ PI);
        printf("atan2(1.0, 1.0) = %.1lf¥n", atan2(1.0,1.0) * 180 /
PI);
        printf("atan2(1.0, √3) = %.1lf¥n", atan2(1.0,sqrt(3.0)) * 180
/ PI);

        return 0;
}
```

問題 12-リスト 2　atan2 を求めるプログラムの実行結果

```
atan2(√3, 1.0)  = 60.0
atan2(1.0, 1.0)  = 45.0
atan2(1.0, √3)  = 30.0
```

解答 12　atan2 の算出

　C 言語と Excel では、atan2 の言語仕様が異なる(入力するパラメータ、x と y の順序が逆)。解答 12-表 1 にバグの概要を示す。

4.2 コーディング・フェーズとデバッグ・フェーズのバグの問題（初級）

解答 12-表 1　atan2 の算出のバグ

バグ名	分類番号	不良分類名	作り込みフェーズ	検出フェーズ	重要度
atan2 の言語仕様が異なる	32xx	処理	コーディング	コーディング・デバッグ	小

　これは昔、筆者が長時間悩んだバグの 1 つである。atan2 の値の変化を確かめるため、Excel で計算式を組んで atan2 を算出し、結果が正しいことを確認してから C 言語に実装したが、計算結果が合わない。

　散々悩んだ末、atan2 の引数を調べると、Excel の atan2 と、C 言語の atan2 とでは、引数の順番が逆転していた。Excel の atan2(x, y) は、C 言語では atan2(y, x) となる。わかってしまえば単純なバグだが、一度、「atan2 の引数は、Excel も C 言語も同じ」と思い込むと、なかなか抜けられない。

　プログラミング言語の標準関数はエンジニアには大変便利だが、使用方法を間違えると思わぬバグにつながる。不可解な動作を見つけたら、まず、言語仕様を調べよう。

　なぜ、Excel では atan2(x, y) で、C 言語では atan2(y, x) と入れ替わったのか？　通常、数学では、(x, y) と表記するのに、なぜ、C 言語では atan2(y, x) と書くのか？　筆者の推測だが、atan2 の歴史は、「高級プログラミング言語の北京原人」である FORTRAN まで遡る。FORTRAN では、atan2(y, x) となっており、それを代々の高級プログラミング言語が継承したのではないか？

　しかし、x と y を間違えるプログラマがあまりにも多く、後発のプログラミング言語である Excel では、あえて、atan2(x, y) に「改訂」したと推測する。

問題 13　FizzBuzz 問題（制限時間：30 分）

　下記に示す情報から、プログラムのバグを推察せよ。

1.　機能概要
　本プログラムは、FizzBuzz 問題の仕様である。

2.　機能詳細
　以下の条件に従い、1〜100 までの数をコンソールに表示する。

第4章　コーディング・フェーズとデバッグ・フェーズのバグ

- 3の倍数の場合は、「1〜100」でなく「Fizz」と表示する
- 5の倍数の場合は、「1〜100」でなく「Buzz」と表示する
- 3と5の倍数の場合は、「1〜100」でなく「FizzBuzz」と表示する

3.　プログラム

```c
/*
	FizzBuzz.c
	FizzBuzzプログラム
*/
#include <stdio.h>
int main(void)
{
	int i;

	for (i = 1; i <= 100; i++) {
		if ( ((i % 3) == 0) && ((i % 5) == 0)){
			printf("FizzBuzz¥n");
		} else if ((i % 3) == 0) {
			printf("Buzz¥n");
		} else if ((i % 5) == 0) {
			printf("Fizz¥n");
		} else {
			printf("%d¥n",i);
		}
	}

	return 0;
}
```

解答 13　FizzBuzz 問題

　表示すべきメッセージを間違えている。解答13-表1にバグの概要を示す。
　「3だけで割り切れた」場合と、「5だけで割り切れた」ときに表示するメッセージを間違えている。ソース・コードを抜粋すると、次のようになっている。

4.2　コーディング・フェーズとデバッグ・フェーズのバグの問題（初級）

解答 13-表 1　FizzBuzz 問題

バグ名	分類番号	不良分類名	作り込みフェーズ	検出フェーズ	重要度
メッセージのエラー	31xx	制御フローとシーケンス不良	コーディング	コーディング・デバッグ	小

```
} else if ((i % 3) == 0) {
        printf("Buzz¥n");
} else if ((i % 5) == 0) {
        printf("Fizz¥n");
```

　仕様には、「3 の倍数の場合は、1～100 でなく Fizz と表示する」「5 の倍数の場合は、1～100 でなく Buzz と表示する」とある。プログラムの抜粋箇所を見ると、3 で割り切れた場合は、「Buzz」を、5 で割り切れる場合、「Fizz」を表示し、仕様とは逆となっている。修正するには、printf 文を入れ替えればよい。

　プログラムは、大量の条件分岐があり、各分岐を正しく実装したか注意しよう[7]。

問題 14　コンパイル・エラー（制限時間：1 時間）

　下記に、線形探索の仕様と、プログラムを示す。このプログラムは、コンパイルするとコンパイル・エラーとなる。エラー・メッセージを参考にし、コンパイル・エラーとならないように修正せよ。なお、正しく修正すると、「見つかりました」と表示する。この問題では、以下に注意すること。

- コンパイル・エラーの原因は、1 つではない。あらゆる視点から原因を考察すること。
- エラー・メッセージは、本書の環境で実行したものを筆者が要約したものである（実際のエラー・メッセージと異なる）。
- マシン・デバッグはせず、机上でエラーを見つけること。

1.　機能概要
　定義した値が、配列にあるかどうかを探索するプログラムである。

第4章　コーディング・フェーズとデバッグ・フェーズのバグ

2.　機能詳細
2.1　配列
　配列は、整数型の 10 個を定義する。

2.2　検索数値
　検索する値は、7 とする。

2.3　線形探索
　配列内から、7 を探索する。
　見つかった場合は、「見つかりました」と表示する。
　見つからない場合は、何も表示しない。

3.　プログラム

```
01  /*
02          線形探索プログラム
03          LinearSearch.c
04
05          仕様：変数in0の値が、配列num1にあるか検索するプログラムである。
06                  見つかった場合は、「見つかりました」と表示する。
07                  見つからない場合は、何も表示しない。
08  */
09
10  #include <stdio.h>
11  int main(void)
12  {
13          int i;
14          int in0 = 7;
15          int num1[10]={3,10,4,5,6,1,8,2,9,7};
16
17          for (i = 0; i < 10 i++) {
18                  if (inO == numl[i]){
19                          prntf("見つかりました¥n");
20                  }
21          }
22
23          return 0:
24  }
```

4.2 コーディング・フェーズとデバッグ・フェーズのバグの問題（初級）

4. コンパイル時のエラー・メッセージ

17行目：エラー：「for (i = 0; i < 10 i++) {」では、'i'の前に';'を期待しています。
18行目：エラー：「if (inO == numl[i]){」では、'inO'が未宣言です。これは、'in0'を意味していますか？
18行目：エラー：「if (inO == numl[i]){」では、'numl'が未宣言です。これは、'num1'を意味していますか？
19行目：警告：暗黙の関数'prntf'があります。これは、'printf'を意味していますか？
23行目：エラー：「return 0:」では、':'の前に';'を期待しています。

5. コンパイル・エラーを修正した場合の実行結果

見つかりました

解答 14　コンパイル・エラー

下記にコンパイル・エラーの原因を示す（解答 14-表 1）。

(1)　17 行目「i<10」にセミコロンが入っていない。
(2)　18 行目「in0」が inO（オー）となっている。
(3)　18 行目「num1」が numl（エル）となっている。
(4)　19 行目「prntf」となっている。

解答 14-表 1　コンパイル・エラー

バグ名	分類番号	不良分類名	作り込みフェーズ	検出フェーズ	重要度
17 行目「i<10」にセミコロンなし	51xx	コーディング、パンチ	コーディング	コーディング	小
18 行目「inO」がinO（オー）	51xx	コーディング、パンチ	コーディング	コーディング	小
18 行目「numl」がnuml（エル）	51xx	コーディング、パンチ	コーディング	コーディング	小
19 行目「prntf」が誤り	51xx	コーディング、パンチ	コーディング	コーディング	小
23 行目「return 0:」がセミコロンでない	51xx	コーディング、パンチ	コーディング	コーディング	小

59

第4章　コーディング・フェーズとデバッグ・フェーズのバグ

⑸　23行目「return 0;」が「return 0:」とコロンになっている。

以下に、詳細を示す。

⑴　17行目「i<10」にセミコロンが入っていない
エラー・メッセージを以下に示す。

17行目：エラー：「for (i = 0; i < 10 i++) {」では、'i'の前に';'を期待しています。

　これは、for文の「i < 10」の最後にセミコロンが付いていないために出るメッセージ。日本語では、文の最後に「。」を付け、C言語ではセミコロンを使う[*8]。特に、for文は初心者にわかりにくく、セミコロンを忘れることがある。

⑵　18行目「in0」がinO（オー）となっている
エラー・メッセージを以下に示す。

18行目：エラー：「if (inO == numl[i]){」では、'inO'が未宣言です。これは、'in0'を意味していますか？

　エラーは、「ゼロ」と「オー」の誤記入による。宣言では、in0（ゼロ）だが、17行目では、inO（オー）となり、定義していない識別子を使い、エラーとなった。これも筆者が経験した。特に、書籍のプログラムを写す場合に多い。
　書籍のプログラムを写すと、「1（イチ）と1「エル」」、「0（ゼロ）とO（オー）」を混同する場合がある。「0（ゼロ）」と「O（オー）」を明確に意識しないと、コンパイル・エラーの泥沼から抜けられない。プログラミングの初級者は、こんなエラーでプログラミングを嫌悪する恐れがあり、教える側としては、このような初歩的な箇所で躓かないよう指導したい。

⑶　18行目「num1」がnuml（エル）となっている
エラー・メッセージを以下に示す。

18行目：エラー：「if (inO == numl[i]){」では、'numl'が未宣言です。これは、'num1'を意味していますか？

60

これは、「1（イチ）」と「l（エル）」の混同によるエラー。「1」と「l」も、一目で判別しにくい。このエラーが出た場合、冷静にエラー・メッセージを読み、修正したい。

⑷　19行目「prntf」となっている

学生の「頻出コンパイル・エラー」の銀メダルが、printfであろう[*9]。メッセージは以下のとおり。

19行目：警告：暗黙の関数'prntf'があります。これは、'printf'を意味していますか？

よく見ると「printf」ではなく、「prntf」となっている。初心者が標準関数をタイプする時、間違う可能性は意外に高い。エディタによっては、予測で関数名を表示できるツールがあり、関数名の入力ミスを軽減できる。

⑸　23行目「return 0;」が「return 0:」とコロンになっている

エラー・メッセージを以下に示す。

23行目：エラー：「return 0:」では、':'の前に';'を期待しています。

これは、returnにセミコロンではなく、コロンを使ったことによるエラー。セミコロンとコロンは、よく似ているし、キーボードの配置もすぐ隣で、間違うことがある。このエラーは、メッセージがわかりやすく、簡単に修正ができるが、注意して入力してほしい。

問題15　2行2列の行列計算（制限時間：30分）

本プログラムは、2*2の行列同士を計算するプログラムである。以下の計算を意図したが、正しく実行できない。下記の結果とならない原因を推察せよ。

$$\begin{bmatrix} 1 & 2 \\ 3 & 4 \end{bmatrix} * \begin{bmatrix} 5 & 6 \\ 7 & 8 \end{bmatrix} = \begin{bmatrix} 19 & 22 \\ 43 & 50 \end{bmatrix}$$

```
/*
        MatrixOperation.c
        行列演算プログラム
```

第4章　コーディング・フェーズとデバッグ・フェーズのバグ

```c
*/
#include <stdio.h>
int main(void){
        //演算に必要な変数の宣言
        double a[2][2] = { {0,0},{0,0} };
        double b[2][2] = { {0,0},{0,0} };
        double result[2][2] = { {0,0},{0,0} };

        //各変数に値を代入
        a[0][0] = 1;
        a[0][1] = 2;
        a[1][0] = 3;
        a[1][1] = 4;
        b[0][0] = 5;
        b[0][1] = 6;
        b[1][0] = 7;
        b[1][1] = 8;

        //行列演算の実行
        result[0][0] = b[0][0] * a[0][0] + b[0][1] * a[1][0];
        result[0][1] = b[0][0] * a[0][1] + b[0][1] * a[1][1];
        result[1][0] = b[1][0] * a[0][0] + b[1][1] * a[1][0];
        result[1][1] = b[1][0] * a[0][1] + b[1][1] * a[1][1];

        //結果の表示
        printf("%.0lf %.0lf¥n",result[0][0], result[0][1]);
        printf("%.0lf %.0lf¥n",result[1][0], result[1][1]);

        return 0;
}
```

解答15　2行2列の行列計算

　行列の演算の順序が正しくないため、乗算結果が合わない。解答15-表1に
バグの概要を示す。

解答15-表1　2行2列の行列計算

バグ名	分類番号	不良分類名	作り込みフェーズ	検出フェーズ	重要度
乗算の順序不正	32xx	処理	コーディング	コーディング・デバッグ	小

62

4.2　コーディング・フェーズとデバッグ・フェーズのバグの問題（初級）

　問題文のプログラムを実行すると、以下の結果となり、期待している値とならない。

```
23  34
31  46
```

　一般的な乗算では、以下に例のように、順序を変えても結果に影響しない。

```
例1：2 * 3 * 4 = 24
例2：3 * 2 * 4 = 24
```

　一方、行列の乗算は、今回の例のように順番が変わると正しい値にならない。数学が得意なプログラマは、行列の計算順序で値が変わるのは当たり前、そんな間違いはあり得ないと思うだろう。正しい順番で計算し、「仕様どおりに実装できているか」、「仕様がそもそも正しいか」を考えるべきである。

　プログラマは純粋な理系だが、数学嫌いがたくさんいる。数式は苦手だけれど、論理的に考えることや、ヒラメキを具体的な形にすることが大好きな人がプログラマを目指していると思う。それ故、パズル好きの文系人間もソフトウェア開発に吸い寄せられる。論理的に考えることができ、しかも数学に強いソフトウェア技術者は、「翼を得たライオン」で、プロジェクトの中核的存在になる。

問題 16　カウンタのバグ（制限時間：30 分）

　本プログラムは、0.1 から 1 までの合計を計算する。手計算で算出したところ、合計は 5.5 となるはずが、4.5 となった。予想どおりにならない原因を推察せよ。

1.　機能概要
　0.1～1 までの合計を計算するプログラムである。

2.　プログラム

```
#include <stdio.h>
int main(void)
```

第4章　コーディング・フェーズとデバッグ・フェーズのバグ

```
{
        float i;
        float sum = 0.0;

        for (i = 0.1; i <= 1; i = i + 0.1) {
                sum += i;
        }

        printf("合計 = %.1f¥n",sum);
        return 0;
}
```

3.　実行結果

合計 = 4.5

解答16　カウンタのバグ

ループ変数 i=1 を合計に加算できない。解答16-表1にバグの概要を示す。

解答16-表1　カウンタのバグ

バグ名	分類番号	不良分類名	作り込みフェーズ	検出フェーズ	重要度
ループ変数の加算不正	31xx	制御フローとシーケンス不良	コーディング	コーディング・デバッグ	小

　本問題は、0.1〜1までの数値の合計を計算するプログラムである。このプログラムの問題点は、「ループ変数 i」が float 型であること。この場合、整数型のつもりでカウントしても意図どおりに演算できず、最後の1を足せない。

　浮動小数型の変数は、整数型と同じように条件式に使うべきではない。特殊なコーディングは避けよう。例えば、以下のように記述すれば、ループ変数に浮動小数点を使用しないため、正しくカウントできる。

```
int i;
float counter = 0.1;
float sum = 0.0;
for (i = 1; i <=10; i++) {
```

64

```
        sum += counter;
        counter += 0.1;
}
```

4.3　コーディング・フェーズのバグの問題（中級）

問題 17　標準偏差計算プログラム（制限時間：2 時間）

　下記のプログラムは、期末試験の結果の傾向を調べるため、試験結果から標準偏差を求めるプログラムである。実行すると、数値は入力できるが、標準偏差を表示できない。原因を推察せよ。

1.　機能概要

　下記のプログラムは、期末試験のデータの標準偏差を求めるプログラムである。数式嫌いの人は、頑張って数式アレルギーを克服してほしい。

2.　機能詳細

2.1　データ定義

　データは、国語、英語、数学の順番で記載する。

　文字形式は、半角英数字で、半角スペース区切りで記述する。

　値は 0～100 までとする。

3.　標準偏差の計算

3.1　データ数の入力

　データ数 N を入力する。

3.2　点数データの入力

　ファイルから期末試験データを入力する。

第 4 章　コーディング・フェーズとデバッグ・フェーズのバグ

	国語	英語	数学
A君	71	20	30
B君	80	30	50
C君	89	2	3

3.3　標準偏差を計算する

　国語、英語、数学の点数の標準偏差をそれぞれ求め、結果をコンソールに表示する。

$$s = \sqrt{\frac{1}{n} \sum_{i=1}^{n} (x_i - \bar{x})^2}$$

s：標準偏差
n：データ数
x_i：それぞれのデータの値
$\bar{x}$：データの平均

4.　制限事項

　入力ファイルは、仕様に規定したものを使用すること。

　本問題では、データ数 N には 3 を入力することを前提とする。

5.　プログラム

```
/*
        標準偏差計算プログラム
        CalcStandardDiviation.c
*/
#include <stdio.h>
#include <stdlib.h>
#include <math.h>
double StandardDiviation(int N, double* val){
        int i;
        int total = 0;               //合計値
        double average = 0.0;        //平均値
        double disperation = 0.0;    //分散値
        double diviation = 0.0;      //標準偏差

        //合計の計算
```

4.3 コーディング・フェーズのバグの問題（中級）

```c
        for (i = 0; i < N; i++) {
                total += val[i];
        }
        //平均の計算
        average = total / N;

        //分散の計算
        for (i = 0; i < N; i++) {
                disperation += pow((val[i] - average),2);
        }
        disperation /= N;

        //標準偏差
        diviation = sqrt(disperation);

        return diviation;
}
int main(void)
{
        FILE *fp;
        char filename[] = "data.txt";//ファイル名
        double *kokugo;              //国語の点数データ
        double *eigo;                //英語の点数データ
        double *sugaku;              //数学の点数データ
        int N = 0;                   //データ数
        int count = 0;               //カウンタ

        //ファイル読み込み
        fp = fopen(filename, "r");
        if (fp == NULL) {
                printf("ファイルが開けません¥n");
                exit(1);
        }

        //データ数を入力する
        scanf("%d", N);

        //人数分の国語、英語、数学のデータ領域を作成する
        kokugo = (double*)malloc(N * sizeof(double));
        eigo = (double*)malloc(N * sizeof(double));
        sugaku = (double*)malloc(N * sizeof(double));

        //人数分のデータ列をファイルから取得する
```

67

第 4 章　コーディング・フェーズとデバッグ・フェーズのバグ

```
        while (fscanf(fp, "%lf %lf %lf"
                , &kokugo[count], &eigo[count], &sugaku[count]) !=
EOF) {
                count++;
        }

        //標準偏差を計算し、結果を表示する
        printf("国語の標準偏差 = %.2lf¥n", StandardDiviation(N,
kokugo));
        printf("英語の標準偏差 = %.2lf¥n", StandardDiviation(N, eigo));
        printf("数学の標準偏差 = %.2lf¥n", StandardDiviation(N,
sugaku));

        //ファイルをクローズする
        fclose(fp);

        //メモリを解放する
        free(kokugo);
        free(eigo);

        return 0;
}
```
6.　実行結果

　3

解答 17　標準偏差計算プログラム

　バグは、「scanf の記述方法が正しくない」「メモリの解法漏れがある」の 2
つ。解答 17-表 1 にバグの概要を示す。

　バグの詳細は以下のとおり。

解答 17-表 1　標準偏差計算プログラム

バグ名	分類番号	不良分類名	作り込みフェーズ	検出フェーズ	重要度
scanf の記述不正	51xx	コーディング、パンチ	コーディング	コーディング・デバッグ	小
メモリの解放漏れ	42xx	データアクセスと取扱い	コーディング	コーディング・デバッグ	高

68

(1) scanf の記述方法が正しくない。

　本問題は、生徒のテストのデータから標準偏差を求めるプログラムだが、生徒の人数をコンソールから入力しても演算できず、プログラムが終了する。コンソール入力をしている scanf 関数を見ると以下のようになっている。

```
scanf("%d",N);
```

　整数型の変数を入力する場合は、変数の前に変数のアドレスを表す「&」を入力する必要がある。問題のソース・コードでは、アドレスを入力するべきところに、変数の値を入れている。プログラミング言語は1文字でも間違えるとコンパイル・エラーとなるが、エラーにならない場合がある（別の意味に化ける）。scanf 関数はその代表例であり、書き間違えると機能劣化を招くので注意したい[*10]。

(2) メモリの解放漏れがある

　C言語の言語仕様で話題となるバグが「メモリの解放漏れ」である。メモリの解放漏れとは、割り当てたメモリを解放しない場合に発生する。このバグにより、メモリを少しずつ食いつぶし、処理時間が遅くなったり、使えるメモリがなくなって最終的にはプログラムがフリーズする。下記を見ると、

```
//メモリを解放する
free(kokugo);
free(eigo);
```

　国語と英語のメモリは解放しているが、数学を free していない。数回の実行では不具合は起きないが、不可解な動きをしないうちに修正すべきである。

問題18　文字列連結プログラム（制限時間：1時間）

　A君は、プログラミングの宿題で、strcat 関数により、2つの文字列を連結する課題に取り組んでいる。課題は、ファーストネームを表す変数（name1、name2、name3）の各文字列の先頭に、姓（familyname）の文字列を連結して表示するものである。A君は、下記「3」の実行結果を期待したが、実際には、「4」となった。意図どおりに動作しなかった原因を推察せよ。なお、デバッグ

第4章　コーディング・フェーズとデバッグ・フェーズのバグ

は机上で実施すること。

1.　機能概要

name1, name2, name3 のそれぞれの文字列に、姓（familyname）の文字列を連結して表示するプログラムである。

2.　プログラム

```
/*
    StrcatPractice.c
    名前連結プログラム
    仕様：ファーストネームを表すname1～name3に、姓を表すfamilynameを連結
する。
    例：name1:リサ、name2:サラ、name3:メグ、 familyname:ヘミングウェイ
        →リサヘミングウェイ、サラヘミングウェイ、メグヘミングウェイ
*/
#include <stdio.h>
#include <string.h>
int main(void)
{
        // 姓を代入
        char familyname[] = "Yamada";

        // ファーストネームを代入
        char name1[] = "Ichiro";
        char name2[] = "Jiro";
        char name3[] = "Saburo";
        // ファーストネームと姓を連結する
        strcat(name1, familyname);
        strcat(name2, familyname);
        strcat(name3, familyname);
        printf("name1 = %s¥n",name1);
        printf("name2 = %s¥n",name2);
        printf("name3 = %s¥n",name3);
        return 0;
}
```

3.　期待した実行結果

```
name1 = IchiroYamada
name2 = JiroYamada
```

4.3　コーディング・フェーズのバグの問題（中級）

name3 = SaburoYamada

4.　実際の実行結果

name1 = mada
name2 = mada
name3 = Saburoamada

解答 18　文字列連結プログラム

strcat 関数により隣接する文字列を書き換えている（解答 18-表 1）。

解答 18-表 1　文字列連結プログラム

バグ名	分類番号	不良分類名	作り込みフェーズ	検出フェーズ	重要度
strcat で隣接のデータを破壊	51xx	コーディング、パンチ	設計	コーディング・デバッグ	小

「山田三郎」が、「まだまだ三郎天田」になっている。この原因は、「strcat により、隣接する文字列を破壊した」である。

プログラムでは、ファーストネームを表す変数 name1〜3 に、姓を表す変数 familyname をそれぞれ連結し、表示する仕様である。例えば、name1 に familyname を連結すると、IchiroYamada になると期待している。連結には、C 言語の標準関数、strcat 関数を使う。難しいプログラムではないが、期待どおりの結果とならない。

正しい動作をしない原因は、隣接した文字列を書き換えているため（いわゆる、「爆撃」）。以下のソース・コードを見ると、

```
// 姓
char familyname[] = "Yamada";

// ファーストネーム
char name1[] = "Ichiro";
char name2[] = "Jiro";
char name3[] = "Saburo";
```

71

第4章　コーディング・フェーズとデバッグ・フェーズのバグ

　上記の配列宣言部では、姓を表す familyname に「Yamada」を代入し、名前を表す配列 name1〜3 にそれぞれのファーストネームを代入している。解答 18-図 1 に各配列の値を示す。1 段目が変数名、2 段目は簡易的なアドレス[*11]、3 段目で変数値を表示している。

　解答 18-図 1 の変数の状態で、1 回目の strcat(name1,familyname) を実行すると、解答 18-図 2 となる。name1 の 18 番地から Yamada を書き込んでいる。問題点は、name1 と familyname が、隣接していることにある。strcat 関数で、姓を追加するのはよいが、肝心の familyname の値を上書きし、19 番地以降が、「amada」となった。

　解答 18-図 2 に対し、2 回目の strcat(name2,familyname) を実行すると、解答 18-図 3 となる。name2 の末尾の 11 番地に familyname を書き込んだ結果、隣接する name1 に「mada」を上書きした。

　解答 18-図 3 に対し、3 回目の strcat(name3,familyname) を実行すると、解答 18-図 4 になる。この状態で、各変数を表示すると、各変数の先頭番地（6、d、12）から表示するので、「Saburoamada」「mada」「mada」と表示した。

　正しく処理するには、name 変数の配列のサイズを大きくする（例えば、char name1[100]）。ただし、実データが配列のサイズを超えると、同様の結果

name3							name2					name1							familyname						
6	7	8	9	a	b	c	d	e	f	10	11	12	13	14	15	16	17	18	19	2a	2b	2c	2d	2e	2f
S	a	b	u	r	o	¥0	J	i	r	o	¥0	I	c	h	i	r	o	¥0	Y	a	m	a	d	a	¥0

解答 18-図 1　変数値の詳細

name3							name2					name1							familyname						
6	7	8	9	a	b	c	d	e	f	10	11	12	13	14	15	16	17	18	19	2a	2b	2c	2d	2e	2f
S	a	b	u	r	o	¥0	J	i	r	o	¥0	I	c	h	i	r	o	Y	a	m	a	d	a	¥0	¥0

解答 18-図 2　1 回目の strcat 実行後の変数値の詳細

name3							name2					name1							familyname						
6	7	8	9	a	b	c	d	e	f	10	11	12	13	14	15	16	17	18	19	2a	2b	2c	2d	2e	2f
S	a	b	u	r	o	¥0	J	i	r	o	a	m	a	d	a	¥0	o	Y	a	m	a	d	a	¥0	¥0

解答 18-図 3　2 回目の strcat 実行後の変数値の詳細

4.3 コーディング・フェーズのバグの問題（中級）

	name3				name2					name1						familyname					
6	7	8	9	a	b	c	d	e	f	10	11	12	13	14	15	16	17	18	19	2a	2b	2c	2d	2e	2f
S	a	b	u	r	o	a	m	a	d	a	¥0	m	a	d	a	¥0	o	Y	a	m	a	d	a	¥0	¥0

解答 18-図 4　3 回目の strcat 実行後の変数値の詳細

となるので注意が必要。

問題 19　1 文字スタックプログラム（制限時間：1 時間）

本プログラムの仕様とソース・コードを分析し、バグを指摘せよ。

1. 機能概要

本プログラムは、スタックを実装したプログラムである。

2. 機能詳細

2.1　スタックとは

スタックは、コンピュータで用いるデータ構造の 1 つで、データを入れた順番に積み上げていき、取り出す場合は、後に入れたデータを取り出す（漬物の樽のように、最初に入れた漬物は、取り出すのは最後）。後入れ先出し方式で、LIFO（Last In First Out）とも呼ぶ。問題 19-図 1 にイメージ図を示す。

問題 19-図 1　スタックのイメージ（最初に「1」を入れ、
　　　　　　次に「2」を入れた状態）

2.2　プッシュ操作

プッシュ操作は、データをスタックに入れることである。問題 19-図 1 にデータ「9」を入れると、問題 19-図 2 になる。

73

第4章　コーディング・フェーズとデバッグ・フェーズのバグ

9
2
1

問題 19-図 2　プッシュ操作のイメージ(「9」を追加)

2.3　ポップ操作

ポップ操作は、データをスタックから取り出すことである。図 19-図 2 でポップ操作を実行すると、問題 19-図 3 のように、先に入れたデータから「9」を取り出す。

問題 19-図 3　ポップ操作のイメージ(「9」を取り出す)

3.　各種処理

3.1　入力

スタックに対し、ユーザが「push」を入力すると「プッシュ操作モード」に、「pop」を入力すると「ポップ操作モード」になり、以下を実行する。
　push:　「プッシュ操作モード」に遷移し、以下の 3.2 に移行する。
　pop:　「ポップ操作モード」に遷移し、以下の 3.3 に移行する。

3.2　「プッシュ操作モード」時の処理

コンソールから入力した任意の数字 1 文字をスタックにプッシュする。

3.3　「ポップ操作モード」時の処理

スタックに格納した文字から、1 文字ポップして、コンソールに表示する。

4.3 コーディング・フェーズのバグの問題（中級）

4. プログラム

```c
/*
        スタックプログラム
        Stack.c
*/

#include <stdio.h>
#include <string.h>
#define MAX_SIZE 10

//スタックの構造体データ
typedef struct {
        int data[MAX_SIZE];
        int sp;
}STACK_DATA;

//初期化関数
void init(STACK_DATA* stack) {
        int i;

        for (i = 0; i < MAX_SIZE; i++) {
                stack->data[i] = 0;
        }
        stack->sp = 0;
}
//プッシュ関数
void push(STACK_DATA* stack, char value) {
        stack->data[stack->sp] = value;
        stack->sp++;
}
//ポップ関数
char pop(STACK_DATA* stack) {
        char ret = '¥0';
        stack->sp--;

        ret = stack->data[stack->sp];
        return ret;
}
int main(void)
{
        //スタック構造体の宣言
        STACK_DATA stack;
```

75

第4章　コーディング・フェーズとデバッグ・フェーズのバグ

```c
        char val = '¥0';
        char command[256];

        //データの初期化
        init(&stack);
        while (1) {
                memset(command, '¥0', sizeof(command));
                printf("push:プッシュ操作モード pop: ポップ操作モード
¥n");

                scanf("%s", command);

                //pushを入力した場合は、プッシュを実行
                //popを入力した場合は、ポップを実行
                if (strcmp(command, "push") == 0) {
                        printf("数字一文字を入力してください¥n");
                        scanf("%d", &val);

                        //入力した1文字をプッシュする
                        push(&stack, val);
                        printf("%dをプッシュしました¥n", val);
                } else if (strcmp(command, "pop") == 0) {
                        //スタックしたデータを一文字ポップする
                        val = pop(&stack);
                        printf("%dをポップしました¥n", val);
                }
        }
        return 0;
}
```

┌───┐
│ **解答 19　1 文字スタックプログラム**   │
└───┘

　異常処理を実装していない(解答 19-表 1)。

　本問題は、スタックのプログラムである。バグは、「異常系の処理を実装していない」。以下に問題点を示す。

(1)　領域外へのアクセス

(2)　無限ループを抜けられない

(3)　プッシュ時のエラー処理

76

4.4 コーディング・フェーズのバグの問題（上級）

解答 19-表 1 文字スタックプログラム

バグ名	分類番号	不良分類名	作り込みフェーズ	検出フェーズ	重要度
異常処理がない	29xx	例外不良の誤り	設計	コーディング・デバッグ	中

(1) 領域外へのアクセス

　例えば、データがない初期状態に「ポップ」を実行すると、配列の領域外にアクセスする。また、スタックのデータが満杯の状態で、「データを入れるプッシュ」を実行すると、配列の領域外を書き換える。配列の領域外アクセスは、プログラムが暴走する可能性があり、注意が必要。

(2) 無限ループを抜けられない

　制御フローのループを見ると、ループを抜ける「break」がない。このままでは、「Ctrl+c」や Windows のタスク・マネージャで強制的にプログラムを終了する必要がある。

(3) プッシュ時のエラー処理

　仕様では、コンソール入力時の異常処理の記載がない。仕様書は、数字 1 文字をプッシュする前提で記述してあるが、コンソール入力では、無制限に入力できる。「2 文字以上の場合は、エラー処理を行う」などの異常条件を仕様に書くべきである。また、(1)、(2)も仕様への記載が必要である。

　実用的なプログラムを作るには、異常系を考えることが必須である。実際には、ユーザはエンジニアの想像外の入力をすることがあり、すべてを網羅することは簡単ではない。

4.4　コーディング・フェーズのバグの問題（上級）

問題 20　旅行者情報管理プログラム（制限時間：1 時間）

　町内会で海外旅行に行くことになった。会計係の A 君は各旅行者の情報を

第4章　コーディング・フェーズとデバッグ・フェーズのバグ

管理するプログラムを作成している。当初、管理に必要な情報をまとめ、以下のデータ構造とした（問題20-リスト1）。

問題20-リスト1　修正前の旅行者データの構造体

```
typedef struct {
        int no;                         //番号
        char name[8];                   //名前
        unsigned char passport;         //パスポート有り無し
        unsigned char payment;          //旅費
        unsigned short price;           //請求額
} TravelData;
```

　旅行者に聞き取り調査したところ、食物アレルギーを有する人がいることがわかった。また、ホテルのサイトによると、アレルギーの人は料金が1000円安くなる。そこで、以下のようにデータ構造を修正した（問題20-リスト2）。

問題20-リスト2　修正後の旅行者データの構造体

```
typedef struct {
        int no;                         //番号
        char name[8];                   //名前
        unsigned char passport;         //パスポート有り無し
        unsigned char payment;          //旅費
        unsigned short price;           //請求額
        unsigned char   allegy;         //アレルギー有り無し
} TravelData;
```

　本プログラムが正しく動作することを簡易的に確認するため、2人分のデータをソース・コードに直接コーディングし、プログラムを作成したところ、実行結果から次のことがわかった（問題20-リスト3）。No2の鈴木さんは、渡航費が未払いで、かつ、アレルギーがあるため、「請求額＝19000円」となるはずだが、「アレルギーなし、請求額＝20000円」となっている。この情報から、バグの原因を推察せよ。

1.　機能概要

　本プログラムは、町内会メンバーで参加する旅行情報を管理するものである。

4.4　コーディング・フェーズのバグの問題（上級）

問題 20-リスト 3　実行結果

```
No: 1:  お名前：山田
パスポートあり
アレルギーあり
渡航費：支払済み
請求額＝0円

No: 2:  お名前：鈴木
パスポートあり
アレルギーなし
渡航費：未払い
請求額＝20000円
```

2.　機能詳細

問題 20-表 1 に旅行データを示す。

問題 20-表 1　旅行データ

項目	変数名	型
番号	no	int
町内会メンバーの名前	name	char
パスポートがあるか （0：なし、1：あり）	passport	unsigned char
旅費を支払ったか （0：未払い、1：支払い済み）	payment	unsigned char
請求額 （通常価格：20000円 アレルギー持ち：19000円）	price	unsigned short
アレルギーがあるか （0：なし、1：あり）	allegy	unsigned char

3.　管理の方法

3.1　番号

記載順番に従って、1から振り分ける。

3.2　名前

旅行者の名前を記載する。

79

第4章　コーディング・フェーズとデバッグ・フェーズのバグ

3.3　渡航費計算ロジック

問題 20-表 2 に示す計算ロジックに従って、それぞれの渡航費を計算し、表示する。

問題 20-表 2　渡航費計算ロジック

条件	渡航費を支払い済み	N	N	Y	Y
	アレルギーがあるか	N	Y	N	Y
動作	請求額 = 20000	Y			
	請求額 = 0			Y	Y
	渡航費から 1000 円減額		Y		

3.4　旅行データの変更

参加者のデータが変更となり、請求額を変更する場合は、使用者が返金対応を行う。

4.　プログラム

```
/*
        TravelManagement.c
        旅行管理プログラム
*/
#define YES 1    //該当する
#define NO  0    //該当しない

#include <stdio.h>
#include <stdlib.h>
#include <string.h>

/* 修正前　旅行者データの構造体
typedef struct {
        int no;                    //番号
        char name[8];              //名前
        unsigned char passport;    //パスポート有り無し
        unsigned char payment;     //旅費
        unsigned short price;      //請求額
} TravelData;
*/
// 修正後　旅行者データの構造体
typedef struct {
```

80

4.4 コーディング・フェーズのバグの問題（上級）

```c
        int no;                 //番号
        char name[8];           //名前
        unsigned char passport; //パスポート有り無し
        unsigned char payment;  //旅費
        unsigned short price;   //請求額
        unsigned char  allegy;  //アレルギー有り無し
} TravelData;

int main(void) {
        int i;
        TravelData temp[2];
        TravelData data[2];

        //データ領域の初期化
        for (i = 0; i <= 1; i++) {
                memset(&temp[i], 0, 17);
                memset(&data[i], 0, 17);
        }

        //1人目のデータ入力
        temp[0].no = 1;
        strcpy(temp[0].name, "山田");
        temp[0].passport = YES;
        temp[0].payment = YES;
        temp[0].price = 0;
        temp[0].allegy = YES;

        //2人目データの入力
        temp[1].no = 2;
        strcpy(temp[1].name, "鈴木");
        temp[1].passport = YES;
        temp[1].payment = NO;
        temp[1].price = 0;
        temp[1].allegy = YES;


        //temp領域から実データ領域へコピー
        memcpy(data, temp, 17 * 2);

        for (i = 0; i <= 1; i++) {
                printf("No: %d: お名前: %s¥n", data[i].no, data[i].
name);
```

81

第4章　コーディング・フェーズとデバッグ・フェーズのバグ

```c
        //パスポートがあるか
        if (data[i].passport == YES) {
                printf("パスポートあり¥n");
        }
        else {
                printf("パスポートなし¥n");
        }

        //請求金額の計算
        if (data[i].allegy == YES) {
                printf("アレルギーあり¥n");
                data[i].price = 20000;
                data[i].price -= 1000;
        }
        else {
                printf("アレルギーなし¥n");
                data[i].price = 20000;
        }

        //渡航費を支払っているか
        if (data[i].payment == YES) {
                printf("渡航費：支払済み¥n");
                data[i].price = 0;
        }
        else {
                printf("渡航費：未払い¥n");
        }

        printf("請求額 = %d円¥n", data[i].price);
        printf("¥n");
    }

    return 0;
}
```

解答 20　旅行者情報管理プログラム

領域のコピー範囲が正しくない（解答 20-表 1）。

　この問題は、旅行者データを動的に確保し、金額を計算するプログラム。バグの原因は、構造体のデータを追加したことにある。

4.4　コーディング・フェーズのバグの問題（上級）

解答 20-表 1　旅行者情報管理プログラム

バグ名	分類番号	不良分類名	作り込みフェーズ	検出フェーズ	重要度
コピー範囲不正	42xx	データのアクセスと取扱い	設計	コーディング・デバッグ	小

修正前
```
typedef struct {
      int no;                       // 番号
      char name[8];                 // 名前
      unsigned char passport;       // パスポート有り無し
      unsigned char payment;        // 旅費
      unsigned short price;         // 請求額
} TravelData;
```

修正後
```
typedef struct {
      int no;                       // 番号
      char name[8];                 // 名前
      unsigned char passport;       // パスポート有り無し
      unsigned char payment;        // 旅費
      unsigned short price;         // 請求額
      unsigned char  allegy;        // アレルギー有り無し
} TravelData;
```

　修正前の構造体データのサイズは、「4 + 8 + 1 + 1 + 2 = 16 バイト」である。追加後は、「4 + 8 + 1 + 1 + 2 + 1 = 17」のため、17*2 = 34 バイト分をコピーすればよいはずである。プログラムでは memcpy で 34 バイト分の領域をコピーしているが、実際に実行すると、期待した結果にならない。

　これは、構造体のアライメントに起因する。構造体のアライメントとは、コンパイラが一定の間隔でデータを整列することである（アクセスを高速化するため、データの先頭が奇数番地にならないように、詰め物を入れて調整する。通常は、データの先頭は「2 の倍数アドレス」か「4 の倍数アドレス」となる。解答 20-図 1 を参照）。例えば、構造体のメンバ変数に「char 型変数」と「int 型変数」の 2 つある状態でサイズを取得することを考える。char 型のサイズを 1 バイト、int 型のサイズを 4 バイトとすると、「1 バイト + 4 バイト = 5 バイト」となるはずだが、実際は、「1 バイト + 3 バイト + 4 バイト = 8 バイト」

83

第 4 章　コーディング・フェーズとデバッグ・フェーズのバグ

プログラマの思惑

番号	名前	パスポート有り無し	旅費	請求額	アレルギー
4 バイト	8 バイト	1 バイト	1 バイト	2 バイト	1 バイト

実際のデータ構造

番号	名前	パスポート有り無し	旅費	請求額	アレルギー	詰め物 (*)
4 バイト	8 バイト	1 バイト	1 バイト	2 バイト	1 バイト	3 バイト

(*)　詰め物：データの先頭を 4 バイト単位にする。

解答 20-図 1　コンパイラによる「詰め物」

と 3 バイト詰め物を入れることがある。何バイトの詰め物を入れるかは、コンパイラに依存する。

　今回のデータ構造(解答 20-図 1 を参照)では、データの合計のサイズは、「4＋8＋1＋1＋2＋1＝17 バイト」に見えるが、20 バイトに整列するため、3 バイトの詰め物を入れている。その結果、memcpy では 34 バイトではなく 40 バイト分をコピーする必要があった。

問題 21　2 分探索法(制限時間：1 時間)

　下記の 2 分探索法のプログラム(binary_search 関数)のバグを摘出せよ。ただし、バグは複数個存在する。

1.　機能概要

　このプログラムは、main 関数で静的な配列 array を定義し、binary_search 関数に、検索する配列(array)、検索する数値(target)、配列の要素数(index_size)を入力すると、検索する数値が何番目の配列(出力結果は 0 番目から数える)に入っているか出力する。

2.　2 分探索法とは

　すべての書籍が書名の「あいうえお順」に並べた図書館で『やさしいコンピュータ』を探す場合[12]、最も簡単な方法は、先頭の本から順々に探す「逐次

84

4.4 コーディング・フェーズのバグの問題（上級）

アインシュタインの自伝	アルゴリズム入門	……	やさしいコンピュータ	……	ワイブル曲線の理解と応用

左から順番に検索する

問題21-図1　逐次探索のイメージ

探索」である（問題21-図1）。「あ」行の最初の本が『アインシュタインの自伝』から始まり、そこから右へ順番に検索する。書籍は名前の順でソートしてあるため、「や」行にたどり着き「やさしいコンピュータ」が見つかる。

逐次探索は、非常にわかりやすく単純なアルゴリズムだが、効率が悪い。例えば、最後尾の書籍を探す場合でも、先頭から探すため、時間がかかる。

効率を上げる手法の1つが、「2分探索法（binary search）」というアルゴリズムである。2分探索法は、検索するデータが中央値より高いか低いかを判断して探索する。なお、検索する配列の中身は、ソートしてあることが前提である。問題21-図2の配列を参考に、手順を示す。

配列要素	0	1	2	3	4	5	6	7	8	9	10
中身	1	3	4	6	7	9	11	13	14	15	18

問題21-図2　データ例

手順1：配列の探索範囲の下限（low）と上限（high）をセットする（問題21-図3）。黒色で示した左側が「下限（0）」で、網掛けで示した右側が「上限（10）」である。

配列要素	0	1	2	3	4	5	6	7	8	9	10
中身	1	3	4	6	7	9	11	13	14	15	18

問題21-図3　下限（low）と上限（high）の関係（low: ■、high: ▢）

手順2：中央値（mid）の配列要素を算出し、下限≦上限が成立する間、繰り返す。つまり、中央値とは、下限と上限の配列要素を足し、2で割った値である。1回目は下限の配列要素が「0」、上限が「10」なので、中央値は(0＋10)／2＝5となる（問題21-図4）。

85

第4章　コーディング・フェーズとデバッグ・フェーズのバグ

配列要素	0	1	2	3	4	5	6	7	8	9	10
中身	1	3	4	6	7	9	11	13	14	15	18

問題21-図4　下限（low）、上限（high）と中央値の関係（low：■、high：□、中央値：▨）

　上記の計算を、「下限≦上限が成立する間まで繰り返す」、すなわち下限＞上限となったら終了である。探索を続けると、下限と上限の関係が逆転するタイミングが現れる。

手順3：下記の3つのステップで、検索処理を実施する。

ステップ1：中央の配列の中身が、検索したい数字と同じ場合、検索終了である。問題21-図4において、見つけたい数字が、「9」の場合は、1回目で終了となる。

ステップ2：「検索する数値＞中央値の配列の中身」の場合は、中央値の配列要素より前に小さい数値が無いとわかる。よって、下限の配列要素＝中央値の配列要素＋1とし、手順2に戻る。例えば、探したい数値が「13」、中央の中身が「9」の場合は、9より小さい値を見る必要がないため、「下限の配列要素＝5＋1」とし、手順2に戻る（問題21-図5）。

配列要素	0	1	2	3	4	5	6	7	8	9	10
中身	1	3	4	6	7	9	11	13	14	15	18

問題21-図5　下限（low）、上限（high）と中央値の関係（low：■、high：□、中央値：▨、検索したい数値：▦）

ステップ3：「検索したい数値＜中央値の配列の中身」の場合、中央値から先に、大きい数値が無いとわかる。よって、「上限の配列要素＝中央の配列要素－1」とし、手順2に戻る。例えば、探したい数値が「6」、中央の配列の中身が「9」の場合は、9より大きい値は見る必要がないため、「上限の配列要素＝5－1」とし、ステップ2に戻る（問題21-図6）。

86

4.4 コーディング・フェーズのバグの問題（上級）

配列要素	0	1	2	3	4	5	6	7	8	9	10
中身	1	3	4	6	7	9	11	13	14	15	18

問題21-図6　下限（low）、上限（high）と中央値の関係（low: ■、high: □、中央値: ▨、検索したい数値: ▢）

　目的とするデータにヒットしなかった場合、「上限の配列要素」や「下限の配列要素」を1つ加算、減算して、少しでも早く見つかるようにしているところに工夫がある。

3. データ構造

　本プログラムでは、下記のデータをソートする。

変数名	データ
int array[ ]	7, 3, 5, 20, 1, 12, 15, 16, 4

4. プログラム

```
/*
        BinarySearch.c
        2分探索法のプログラム
*/
#include <stdio.h>
int binary_search(int array[], int target, int index_size);
int main(void)
{
        int array[] = {7, 3, 5, 20, 1, 12, 15, 16, 4};
        int index_size = 0;             //配列の要素数
        int target;                     //検索する数値
        int result = 0;                 //場所

        index_size = sizeof(array) / sizeof(array[0]);

        printf("検索する値を入力してください¥n");
        scanf("%d",&target);
        result = binary_search(array, target, index_size);

        if (result == -1){
                printf("%dはありません.¥n", target);
```

87

第 4 章　コーディング・フェーズとデバッグ・フェーズのバグ

```c
        } else {
                printf("場所は%d番目です.¥n", result);
        }

        return 0;
}
/*
 * 関数名: binary_search
 * 機能  : 2分探索を実行する
 * 引数  : int array[]:              入力する数値
           int target:               検索する数値
           int index_size:           配列のサイズ
 * 戻り値: 実行結果
*/
int binary_search(int array[], int target, int index_size){
        // low: 下限, high: 上限, mid: 中央値
        int low = 0, high = index_size - 1, mid = 0;

        while (1) {
                mid = low + ( (high - low) / 2);
                if (array[mid] == target) {
                        return mid;
                } else if (array[mid] > target){
                        high = mid + 1;
                } else {
                        low = mid - 1;
                }
        }
        return -1;
}
```

5.　制限事項

本問題の制限事項は、以下のとおり。

① 検索する値（変数 target）は、コンソールから int 型で取れる範囲内を入力する。配列 array は、int 型で静的に定義し、プログラム内に定義した以外は使用しない。

② バグは 1 つだけではない。

③ コードの可読性、実行速度は考慮しない。

4.4 コーディング・フェーズのバグの問題（上級）

解答 21　2分探索法

バグは以下の3カ所である（解答21-表1）。

- ソート済みの配列を入力していない。
- 検索したい数値が見つからない場合、無限ループする。
- 右側、左側の配列の演算を間違えている。

各バグの詳細を以下に記す。

解答21-表1　2分探索法におけるバグ

バグ名	分類番号	不良分類名	作り込みフェーズ	検出フェーズ	重要度
配列が未ソート	41xx	データ定義、構造、宣言	設計	コーディング・デバッグ	大
無限ループ	31xx	制御フローとシーケンス不良	設計	コーディング・デバッグ	大
配列の演算不正	32xx	処理	コーディング	コーディング・デバッグ	小

(1)　ソート済みの配列を入力していない

　2分探索法は、ソート済みの配列に対して有効な手法である。このプログラムの配列arrayには、ソートしてある数値が入っておらず、検索する数値によってはプログラムが正常終了しない。本来は、ソートしていない場合は異常終了すべきであるが、本プログラムでは以下のようにあらかじめソート済みの配列を定義して処理を続行させるとする。

```
int array[] = {1, 3, 4, 5, 7, 12, 15, 16, 20};
```

(2)　検索したい数値が見つからない場合、無限ループする

　上記の(1)で説明した配列を定義しても、すべての問題は解決しない。binary_search関数の5行目を見ると、検索処理は、5行目の無限ループ内で実施し、検索する数値が見つかったら終了する。しかし、検索したい数値が見つからない場合の処理を記述していない。例えば、検索したい値を示した変数

89

第4章　コーディング・フェーズとデバッグ・フェーズのバグ

target に対して、30 を入力すると、プログラムが終了しない。

　解決策は、検索したい値が見つからない場合の終了条件を、例えば、以下のように記述することである。

```
while (low <= high) {
```

　上の例は、「下限の配列要素≦上限の配列要素となった場合は、ループから抜ける」という記述である。これで、無限ループが解消できる。

(3)　右側、左側の配列の演算が間違っている

　上記の(2)のバグを修正しても、もう1つバグがある。以下のコーディングを見ると、

```
} else if (array[mid] > target){
      high = mid + 1;
} else {
      low = mid - 1;
}
```

　「中間値の値＞検索する値」の場合、「上限＝中間値ー1」としないと（1つ内側に入り込まないと）、効率良く探索できない。また、else 文の「中間値の値＜検索する値」の場合は、「下限＝中間値＋1」とするべきである。正しい記述は、下記となる。

```
} else if (array[mid] > target){
      high = mid - 1;
} else {
      low = mid + 1;
}
```

　ソフトウェアのバグはあらゆる箇所に潜んでおり、バグがあるとわからずに使っていることも少なくない。今回出題した2分探索法も、そんなプログラムの1つである。Tex の開発者で有名なアルゴリズムの大家、ドナルド・クヌースによると、「最初に2分探索法の考え方が公開されたのが1946年だが、バグなしのプログラムが出版されたのは1962年になってからだ」そうだ[13]。

90

4.4 コーディング・フェーズのバグの問題（上級）

問題 22　ファイルの文字表示プログラム（制限時間：1 時間）

　同級生の A 君と B 君は、それぞれ自分で環境構築した PC を使って、授業
の宿題で出たプログラム（仕様は「1.　概要」「2.　仕様の詳細」を参照）を作る
ことになった。A 君は、仕様に従って「4.　プログラム」のソース・コードを
作成した。「3.　制限事項」に示す外部入力ファイル（data.txt）のデータを作成
し入力すると、「5.　実行結果」の左の結果となった。

　B 君は、外部入力ファイルのデータとプログラムを作ったがうまく動かず、
A 君のプログラム「4.　プログラム」をそのままコピーした。しかし、実行結
果は「5.　実行結果」の右となり、行番号、列番号が正しくない。なぜ、B 君
は A 君と同じプログラムを実行しているのに、結果が異なったか推察せよ。

1.　概要

　コンソールから 1 文字入力する。外部入力ファイルから文字を 1 文字ずつ
読み出し、その文字と一致するものがあれば行数と列番号を表示する。

2.　仕様の詳細

(a)　入力するファイル

　外部入力ファイルの名称は、「data.txt」とし、実行ファイルと同階層のフォ
ルダに格納しておくこと。また、ファイルに使用できる文字は、下記に示す文
字だけとする。

　(i)半角大文字アルファベット（A～Z）

　(ii)半角小文字アルファベット（a～z）

(b)　入力する文字

　コンソールから検索したい文字を 1 文字入力する。

(c)　文字検索

　下記の処理を、ファイルの終端まで繰り返す。

　(i) data.txt から 1 文字入力する

　(ii)列数 +1 する

　(iii)コンソールから入力した値と一致する場合は、行数と列数を表示する

　(iv) data.txt から入力した文字が、改行を表す LF（ラインフィード）、その 1

91

第4章 コーディング・フェーズとデバッグ・フェーズのバグ

つ前の入力が CR（キャリッジリターン）の場合は、行数＋1、列数＝0
とする

(d) 外部入力ファイルのデータ (data.txt)

外部入力ファイルのデータは、以下とする。

```
Apple
Orange
Grape
Carrot
Strawberry
Blueberry
```

3. 制限事項

外部入力ファイル（data.txt）は、自身の環境であらかじめ作成する。

コンソール入力する文字は、異常な入力を考慮しない。

4. プログラム

```c
/*
    FilePrint.c
    ファイル表示プログラム
*/
#include <stdio.h>
#include <stdlib.h>
int main(void) {
    FILE *fp;                     //ファイルポインタ
    char in;                      //コンソールからの入力用
    char ch;                      //ファイルからの入力用
    int cr_flg = 0;               //CRを表すフラグ
    int linenum = 1;              //行数
    int row = 0;                  //列数
    printf("検索する1文字入力: ");
    scanf("%c",&in);              //検索する1文字を入力する
    //外部入力ファイル「data.txt」を呼び出す
    if ((fp = fopen("data.txt", "rb")) == NULL) {
        exit(1);
    }
    //ファイルから1文字ずつchに入力し、ファイルの最後まで繰り返す
    while( ( ch = fgetc(fp)) != EOF) {
        row++;                              //列数+1にする
```

4.4 コーディング・フェーズのバグの問題（上級）

```
        if (ch == in) {                    //入力した文字が一致した場合
                printf("行数 : %d, 列番号 : %d¥n",linenum, row);
        }
        if (ch == 0x0D) {                  //CRがある
                cr_flg = 1;                //CRフラグ=1にする
        } else if (ch == 0x0A && cr_flg == 1) { //LFでCRフラグ
=1の場合
                linenum++;                 //行数+1にする
                row = 0;                   //列数=0にする
                cr_flg = 0;                //CRフラグを0にする
        }
    }
    fclose(fp);

    return 0;
}
```

5. 実行結果

両者の実行結果を以下に示す。

検索する 1 文字入力 : e
行数 : 1, 列番号 : 5
行数 : 2, 列番号 : 6
行数 : 3, 列番号 : 5
行数 : 5, 列番号 : 7
行数 : 6, 列番号 : 4
行数 : 6, 列番号 : 6

A 君の実行結果

検索する 1 文字入力 : e
行数 : 1, 列番号 : 5
行数 : 1, 列番号 : 12
行数 : 1, 列番号 : 18
行数 : 1, 列番号 : 33
行数 : 1, 列番号 : 41
行数 : 1, 列番号 : 43

B 君の実行結果

解答 22　ファイルの文字表示プログラム

　外部入力ファイルの中の改行コードが異なっている（解答 22-表 1）。

　このプログラムのバグは、data.txt を読み込む場合の改行コードとして、
「CR＋LF」を前提としていることである。問題文を読み、「同じソース・コー
ドなのに振る舞いが違うのは、動作環境が異なっている可能性があり、改行コー
ドが原因かもしれない」と思った読者は正しい。

93

第 4 章　コーディング・フェーズとデバッグ・フェーズのバグ

解答 22-表 1　ファイル表示プログラムにおけるバグ

バグ名	分類番号	不良分類名	作り込みフェーズ	検出フェーズ	重要度
ファイルの改行コードの食い違い	62xx	外部インタフェースとタイミング	設計	コーディング・デバッグ	小

　改行コードは、CR(キャリッジリターン)と LF(ラインフィード)で表す[14]。今回のプログラムでは、テキストファイルを一文字ずつ読み出し、CR と LF が順番に来た場合、次の列を調べる。ここで、別の改行コードを使うと、例えば「LF」しか設定しない場合、CR がいつまでたっても来ないため列数をカウントできず、行数も 0 クリアできない[15]。

　仕様の(c)には以下のように改行コードの記述がある。
　(iv) data.txt から入力した文字が、改行を表す LF(ラインフィード)、その 1 つ前の入力が CR(キャリッジリターン)の場合は、行数+1、列数=0 とする。

　改行コードが、「LF」か「CR」のどちらかしかない場合、行数のカウントと列数のクリアができない。今回の動作不良は、B 君は A 君のプログラムをそのままコピーし、外部入力データのファイルで、改行コードを「LF」だけにしたのが原因である。プログラムを「再利用」する場合、きちんと内容を理解しないと期待どおりの動作とならない。
　改行コードは、OS やテキスト・エディタの設定に依存する。例えば、Windows の改行コードは基本的に「CR + LF」、Linux は「LF」である。Mac の昔のバージョンは「CR」だったらしい。なお、改行コードの設定はテキスト・エディタ側で変更できる。
　これと同様の動作不良はよく聞くが、自分のプログラムで起きると、意外に原因がわからない。仕様書に改行コードを明記していることが少なく、書いてあっても、開発者は意識しないことが原因である。改行コード以外にも、文字コードでも不整合が起こることがある。インターネットの黎明期に、Web サイトを閲覧すると、ブラウザの設定によっては、大量の文字化けを起こし、驚いた人は多い。

4.4 コーディング・フェーズのバグの問題（上級）

問題 23　ストップウォッチ・シミュレータの仕様（制限時間：1 時間）

　本プログラムは、ストップウォッチのモード遷移を模擬するソフトウェアである。以下に、仕様を示す。プログラムを問題 23-リスト 1、問題 23-リスト 2 に、実行結果を問題 23-リスト 3 にあげる。

　仕様どおりであれば、本来は、計測モードで計測指令を出すと、一時停止モードとなるはずだが、計測モードのままとなっている。なぜ遷移しないか、推察せよ。

1.　概要

　本プログラムは、ユーザのコンソール入力に従って、ストップウォッチのモードを表示する。

2.　詳細

2.1　モードの定義

　各モードの定義を以下の問題 23-表 1 に示す。

問題 23-表 1　モード

モード	名称
MODE_POWER_OFF	電源 OFF モード
MODE_IDLE	アイドルモード
MODE_START	計測モード
MODE_PAUSE	一時停止モード

2.2　モード遷移指令

　モード遷移指令の定義とキーボード入力値を以下の問題 24-表 2 に示す。

3.　モード入力

　ユーザは、コンソールから変更したいモードを入力する。なお、入力値は、問題 23-表 2 のとおり。

95

第 4 章　コーディング・フェーズとデバッグ・フェーズのバグ

問題 23-表 2　モードと入力値

モード（変数名）	名称	キーボード入力値
ACT_POWER_ONOFF	電源 ON/OFF 指令	0
ACT_START	計測指令	1
ACT_RESET	リセット指令	2

4. モード遷移

4.1　初期モード

プログラム実行時は、電源 OFF モードから始まる。

4.2　電源 OFF モード

電源 OFF モードでのモード遷移を以下に示す。

① 電源 ON 指令を入力すると、アイドルモードに遷移する

4.3　アイドルモード

アイドルモードでのモード遷移を以下に示す。

① 電源 OFF 指令を入力した場合は、電源 OFF モードに遷移する

② リセット指令を入力した場合は、アイドルモードのままで、遷移しない

③ 計測指令を入力した場合は、計測モードへ遷移する

4.4　計測モード

計測モードでのモード遷移を以下に示す。

① 電源 OFF 指令を入力した場合は、電源 OFF モードへ遷移する

② リセット指令を入力した場合は、アイドルモードへ遷移する

③ 計測指令を入力した場合は、一時停止モードへ遷移する

4.5　一時停止モード

一時停止モードでのモード遷移を以下に示す。

① 電源 OFF 指令を入力した場合は、電源 OFF モードへ遷移する

② リセット指令を入力した場合は、アイドルモードへ遷移する

③ 計測指令を入力した場合は、計測モードへ遷移する

4.4　コーディング・フェーズのバグの問題（上級）

5.　表示機能

　コンソールからの入力後、モードに従って以下の文字列をコンソールへ表示する。

①　電源 OFF モード：「電源 OFF モード :」

②　アイドルモード：「アイドルモード :」

③　一時停止モード：「一時停止モード :」

④　計測モード：「計測モード :」

6.　プログラムの終了

　プログラムは、コンソールから「Ctrl+c」を入力すると終了する。

7.　制限事項

　入力ミスなどのバグは考慮せず、リスト 2 のプログラムの結果が正しくなることを目的とする。

8.　プログラム

　　　　問題 23-リスト 1　ストップウォッチ・シミュレーター（StopWatch.h）

```
/*
        ストップウォッチシミュレーターのヘッダ
        StopWatch.h
*/
//モード定義
typedef enum {
        MODE_POWER_OFF,        //電源OFFモード
        MODE_IDLE,             //アイドルモード
        MODE_START,            //計測モード
        MODE_PAUSE             //一時停止モード
}MODE;
//モード遷移指令
typedef enum {
        ACT_POWER_ONOFF,//電源ON/OFF指令
        ACT_START,             //計測指令
        ACT_RESET              //リセット指令
}ACT;
void output();                 //モード出力関数
int globalMode;                //モード変数(グローバル)
```

97

第 4 章　コーディング・フェーズとデバッグ・フェーズのバグ

問題 23-リスト 2　ストップウォッチ・シミュレーター（StopWatch.c）

```c
/*
        ストップウォッチ・シミュレーター
        StopWatch.c
*/
#include <stdio.h>
#include "StopWatch.h"

int main(void) {
        int in; //指令入力用変数

        // 初期モードは電源OFFモード
        globalMode = MODE_POWER_OFF;

        // モードを表示
        output();
        while (1) {
                // 指令をコンソールから入力
                scanf("%d", &in);
                switch (globalMode) {
                        // 電源OFFモードの場合
                case MODE_POWER_OFF:
                        if (in == ACT_POWER_ONOFF)
                                globalMode = MODE_IDLE;
                        break;
                        // 計測モードの場合
                case MODE_START:
                        if (in == ACT_RESET) {
                                globalMode = MODE_IDLE;
                        }
                        else if (in == ACT_START) {
                                globalMode == MODE_PAUSE;
                        }
                        else if (in == ACT_POWER_ONOFF) {
                                globalMode = MODE_POWER_OFF;
                        }
                        // アイドルモードの場合
                case MODE_IDLE:
                        if (in == ACT_START) {
                                globalMode = MODE_START;
                        }
                        else if (in == ACT_POWER_ONOFF) {
                                globalMode = MODE_POWER_OFF;
```

98

```c
                }
                break;
                // 一時停止モードの場合
            case MODE_PAUSE:
                if (in == ACT_RESET) {
                    globalMode = MODE_IDLE;
                }
                else if (in == ACT_START) {
                    globalMode = MODE_START;
                }
                else if (in == ACT_POWER_ONOFF) {
                    globalMode = MODE_POWER_OFF;
                }
                break;
            default:
                break;
            }
            // モードを表示
            output();
        }

        return 0;
}
// コンソールにモードを表示する
void output() {
        if (globalMode == MODE_POWER_OFF) {
                printf("電源OFFモード: ");
        }
        else if (globalMode == MODE_IDLE) {
                printf("アイドルモード: ");
        }
        else if (globalMode == MODE_PAUSE) {
                printf("一時停止モード: ");
        }
        else if (globalMode == MODE_START) {
                printf("計測モード: ");
        }
}
```

9.　実行結果

　下記の手順で実行した結果を問題23-リスト3に示す。

①　電源OFFモードで、「0（電源ON/OFF指令）」を入力、Enterを押し、ア

第4章　コーディング・フェーズとデバッグ・フェーズのバグ

イドルモードに遷移する

② 　アイドルモードで、「1（計測指令）」を入力、Enter を押し、計測モードに遷移する

③ 　計測モードで、「2（リセット指令）」を入力、Enter を押し、アイドルモードに遷移する

④ 　アイドルモードで、「1（計測指令）」を入力、Enter を押し、計測モードに遷移する

⑤ 　計測モードで、「1（計測指令）」を入力、Enter を押し、一時停止モードに遷移するはずが、計測モードのままとなっている

⑥ 　コンソールから入力をせず、Ctrl+c でプログラムを終了する

問題 23-リスト 3　実行結果

実際の実行結果

① 　電源 OFF モード ：0

② 　アイドルモード ：1

③ 　計測モード　　 ：2

④ 　アイドルモード ：1

⑤ 　計測モード　　 ：1

⑥ 　計測モード　　 ：

解答 23　ストップウォッチ・シミュレータの仕様

バグは、「break が抜けている」「= が == となっている」の 2 カ所（解答 23-表 1）。

解答 23-表 1　ストップウォッチ・シミュレータの仕様のバグ

バグ名	分類番号	不良分類名	作り込みフェーズ	検出フェーズ	重要度
break 抜け	31xx	制御フローとシーケンス不良	コーディング	コーディング・デバッグ	小
== の誤記	32xx	処理	コーディング	コーディング・デバッグ	小

100

4.4 コーディング・フェーズのバグの問題（上級）

　ストップウォッチのモード遷移の仕様では、計測モードから計測指令を入力すると、一時停止モードに遷移するはずだが、正しく移行しない。原因は、以下の部分にある。

```
                // 計測モードの場合
        case MODE_START:
                if (in == ACT_RESET) {
                        globalMode = MODE_IDLE;
                }
                else if (in == ACT_START) {
                        globalMode == MODE_PAUSE;
                }
                else if (in == ACT_POWER_ONOFF) {
                        globalMode = MODE_POWER_OFF;
                }
                // アイドルモードの場合
        case MODE_IDLE:
                if (in == ACT_START) {
                        globalMode = MODE_START;
                }
                else if (in == ACT_POWER_ONOFF) {
                        globalMode = MODE_POWER_OFF;
                }
                break;
```

(1)　break 抜け

　上記で、「MODE_START:」のブロックの break が抜けている。その結果、値を代入できても、次の「case MODE_IDLE:」ブロックを実行する。

(2)　== の間違い

　上記を見ると、「globalMode == MODE_PAUSE;」のように「変数名 = 変数名」となっていない。その結果、モードが遷移しない。

　コンピュータは、人間が手でやるには難しい複雑な計算を非常に高速に実行できる[16]。しかし、エンジニアの思いどおりに動かすことは簡単ではなく、命令どおりにしか動かない。そのため、エンジニアは、「何でうまく動かないんだろう」とため息をつき、異常動作したときのメモリのダンプを見ながら、デバッグすることになる[17]。

101

第4章　コーディング・フェーズとデバッグ・フェーズのバグ

　うまく動かない原因が、初歩的なミスであるケースも少なくない。このようなミスは、デバッグ時にバグとして見つかるが、思わぬ「大物」が、市場へリリースした後で見つかることも少なくない。インターネットに載っているIT系のニュースサイトを見ていて、「バグが何年間も見つからないままだった」という記事を読むと、人ごとではなく、ゾッとする。組込み系のソフトウェアには、コンビニのATMをはじめ、長期間、24時間稼働をさせるソフトウェアも多く[18]、注意深く実装、デバッグしたい。

第5章

テスト・フェーズのバグ

5.1　テスト・フェーズの目的

　テスト・フェーズの目的は以下の2つがある。

① **プログラムが仕様どおりに動作する**

　この確認がテスト・フェーズでの基本である。仕様書をベースに、ブラックボックスの観点(すなわち、ユーザの視点)でテスト項目を設計・実行する。

② **仕様のデバッグをする**

　テスト項目とは、「具体的な数値で表した仕様書」である。例えば、「三角形判定プログラム」で、仕様書に「3辺の長さが等しい場合、『正三角形』と判定する」と書いてある場合、テスト項目では、「A=5、B=5、C=5の場合、『正三角形』と表示する」となる。具体的な数値でテスト項目を設計すると、仕様の抜け、記述漏れなどが多数、見つかる。テスト項目の設計では、単なるテスト項目の作成ではなく、「仕様のデバッグ」の視点も重要である。

5.1.1　プログラムが仕様どおりに動作する

　上記①の「プログラムが仕様どおりに動作する」では、具体的に以下の3つを確認するフェーズである。

1)　正常ケースが動作する

　まずは、仕様書に記述した機能が、すべて正常に動くことを検証しなければならない。これには、「同値分割」や「境界値分析」などの古典的手法で対処できる。

2)　エラー・ケースに正しく対処している

　異常ケースのテスト項目設計は、①「こんなバグが考えられる」②「そんなバグを検出するためのテストケースを設計する」の流れになる。摘出するバグを想定せず、漫然とテストをしてもバグにはヒットしない。自分で考えられな

103

第 5 章　テスト・フェーズのバグ

いバグは、目の前にぶら下がっていても見えない。「想像力の限界が品質の限界」となる。

3)　機能以外の要素が正しい

応答性能、最大システム構成、最少メモリでの稼働性、ユーザ・フレンドリネス、連続運転など、機能以外の要求項目が仕様どおりであることをチェックする。このテスト条件を揃えるのに、多大な時間とコストを要する。

5.1.2　仕様のデバッグをする

テストでの主なバグは、「テスト漏れ」であろう。これには、以下の2種類がある。

(1)　仕様書に記述した機能に対するテスト項目が単に漏れていた

大部分のテスト系のバグがこれである。正常ケースの漏れなら、無意識のうちに当該機能を実行している場合が多いが、異常系、特殊系の場合、テストの漏れはシリアスな結果になる。

(2)　仕様の記述漏れにより、該当するテストがない

これは要求仕様書自体に当該機能の記述がなく、機能を実装していないケースで、致命的なバグである。このバグが発生すると、開発は要求仕様フェーズに戻り、設計、コーディングを再実施せねばならない。大きな機能漏れだと、納期どおりに開発することが困難になる。テスト項目設計時にこのバグが見つからないと、機能漏れの製品がマーケットに出た後で、ユーザから指摘を受けることになる。この場合、製品の回収、修正、再配布で莫大なコストと時間がかかり、社会的信用が堕ちる。

5.1.3　テスト環境を構築できず、実行できない機能をどのようにテストするか

「テスト環境を構築できず、実行できない機能をどのようにテストするか」は、大きな課題である。例えば、原子力発電の制御プログラムの仕様書に、「炉心溶融が発生した場合、AとBを実施する」と記述してあった場合、現実問題として、テストであっても実際に炉心溶融を起こせない。こんな場合は、以下の2つを併用して検証する。

104

(1) シミュレータによるテスト

これは、実行できない機能を検証する場合の常套手段だが、シミュレーションはシミュレーションであり、本物ではないことに注意。例えば、無停止システムの信頼性を上げるため、もう1台のCPUをバックアップとして待機させ、異常時にスイッチが入る「コールド・スタンバイ」方式では、異常時にCPUが切り替わらない事故が多発している。

(2) コード・インスペクションにより、1ステップずつソース・コード上で机上実行

設計部と品質保証部のエンジニアが集まり、クリティカルなソース・コードを1行ずつ、机上で実行する方式。原始的ながら、意外に効果がある。

5.2 テスト・フェーズのバグの問題

問題24 2つの数値の加算プログラム(制限時間:30分)

下記に2つの値を加算するプログラムの仕様と、プログラムを示す。テスト項目を作成し、バグを検出せよ。

1. 機能概要

ユーザが、2つの値をコンソールから入力し、加算した結果を表示する。

2. 機能詳細

2.1 入力機能

コンソールから2つの整数型の値をエンターで区切り、入力する。

2.2 加算処理

下記の式のように、2つの値の加算処理を実行する。

合計 = 入力1 + 入力2

第 5 章　テスト・フェーズのバグ

2.3　表示

コンソールに合計を表示する。

3.　プログラム

```
#include <stdio.h>
int main(void) {
      short in1, in2;
      short sum = 0;

      scanf("%hd", &in1);
      scanf("%hd", &in2);

      sum = in1 + in2;

      printf("合計 = %d¥n", sum);

      return 0;
}
```

解答 24　2 つの数値の加算プログラム

　バグは、「オーバーフローを考慮していない」と「入力の異常を考慮していない」の 2 つ(解答 24-表 1)。

　テスト工程でバグを見つける基本は、バグが起きそうなところをテストすることであり、本問題はその例題である。

　この問題は、コンソールから入力した 2 つの変数を加算するだけの簡単なプログラムで、正しく動作しているようだが、テストをするとバグが見つかる。解答 24-表 2 にテスト項目の例と実行結果を示す。

解答 24-表 1　2 つの数値の加算プログラムにおけるバグ

バグ名	分類番号	不良分類名	作り込みフェーズ	検出フェーズ	重要度
オーバーフロー	41xx	データアクセスと取扱い	設計	テスト	大
不正な入力値のバグ	13xx	完全性	要求仕様	デバッグ、テスト	大

106

5.2 テスト・フェーズのバグの問題

解答 24-表 2　テスト項目例

No.	テスト項目	入力 1	入力 2	実行結果
1	通常の足し算をテストする	1	1	2
2	最大値を入力する	32767	32767	−2
3	文字を入力する	A	1	0

(1)　No.1 通常の足し算

No.1 は、「1 + 1 = 2」で、通常の足し算である。実行結果は 2 であるため、結果は正しい。

(2)　No.2 最大値の入力

No.2 は、入力 1、入力 2 に変数が取り得る最大値の 32767 を入力したテストである。手計算では、32767 + 32767 = 65534 となるが、結果は「−2」となり、正しい値にならない。これは、short 型が取り得る最大値を超えたオーバーフローである。オーバーフローは常連バグの 1 つであり、注意が必要。

(3)　No.3 文字入力

No.3 は、入力 1 に文字「A」を入力した場合の結果である。scanf 関数では、入力値を整数型で入れるように指定しているが、ここに文字を入力した。結果として、不正な実行結果となった。

日常、使用する自動車や洗濯機は、不正な入力値でも異常な動作をしない。これは、開発者が正しくソフトウェアを実装し、テスト技術者がさまざまなテスト項目で検証した結果である。限られたリソースで確実にバグを見つけるテスト項目を作成し、製品のリリース前にバグを摘出しよう。

問題 25　売上げ金額計算プログラム（制限時間：1 時間）

A 君は、弁当販売店の経理係を担当している。業務を詳細に分析するため、1 日の売上げデータの合計金額を求めるプログラムを作成することにした。A 君は、仕様とプログラムを作成し、結果が正しいことを確認するため、B 君に

107

第5章　テスト・フェーズのバグ

Excel で合計金額を求めるテスト項目の作成を依頼し、問題 25-表 1 に示す入力データを使用し、実行結果を同じになるかテストした。

　比較した結果、2 人の計算結果が 1 円だけ異なることがわかった（実行結果は問題 25-リスト 1）。不思議に思った 2 人は、別のデータで確認した。問題 25-表 2 のデータを使用したところ、結果は一致した（問題 25-リスト 2）。上記の情報から、問題 25-リスト 1 で 2 人の結果が一致せず、問題 25-リスト 2 では一致した原因を推察せよ。

問題 25-表 1　売上げデータ 1

No.	商品名	数量	単価(税別)
1	スポーツドリンク	6	74
2	炭酸飲料	9	59
3	おにぎり	8	97
4	サンドイッチ	15	153

問題 25-表 2　売上げデータ 2

No.	商品名	数量	単価(税別)
1	スポーツドリンク	32	74
2	炭酸飲料	81	59
3	おにぎり	101	97
4	サンドイッチ	40	153

1.　概要

　本プログラムは、店の売上げデータから、その合計金額を計算するプログラムである。

2.　入力データ

　店の売上げデータは、No.、商品名、数量、単価(税別)とする。問題 25-表 1、問題 25-表 2 にデータ例を示す。

3.　合計金額の計算

　合計金額の計算式を以下に示す。なお、消費税は 8% として計算する。

5.2　テスト・フェーズのバグの問題

①小計 = 個数 ＊ 単価（税別）
②合計金額 = 小計 ＊ 消費税

4.　表示
合計金額は、コンソールに表示する。

5.　制限事項
入力データは、問題25-表1、問題25-表2のみを使用する。
その他のバグや問題点は考慮せず、1円違いの原因だけを考察すること。

6.　プログラム

```c
/*
        売上げ金額計算プログラム
        SalesCalculator.c

*/
#define TAX 1.08                //税率(8%)
#include <stdio.h>

//売上げデータ構造体
typedef struct {
        int no;                 //No
        char name[64];          //商品名
        int num;                //数量
        int price;              //単価（税別）
}SALES_DATA;

int main(void) {
        //商品データの宣言
        SALES_DATA sales_data1[4] = {
                {1,"スポーツドリンク",6, 74},
                {2,"炭酸飲料",9, 59},
                {3,"おにぎり",8, 97},
                {4,"サンドイッチ",15,153},
        };
        SALES_DATA sales_data2[4] = {
                {1,"スポーツドリンク",32, 74},
                {2,"炭酸飲料",81, 59},
                {3,"おにぎり",101, 97},
```

109

第5章　テスト・フェーズのバグ

```
              {4,"サンドイッチ",40,153},
        };
        int i;

        int subtotal1 = 0;      //小計1
        int subtotal2 = 0;      //小計2
        int total1 = 0;         //合計1
        int total2 = 0;         //合計2

        //4件分の売上げデータの小計を計算する
        for (i = 0; i < 4; i++) {
                subtotal1 = subtotal1 + sales_data1[i].num * sales_
data1[i].price;
                subtotal2 = subtotal2 + sales_data2[i].num * sales_
data2[i].price;
        }

        //小計に消費税を乗算する
        total1 = subtotal1 * TAX;
        total2 = subtotal2 * TAX;
```

問題25-リスト1　売上げデータ1を使用した2人の実行結果

No	商品名	数量	単価(税別)	小計	合計金額 (小計 * 消費税)
1	スポーツドリンク	6	74	444	
2	炭酸飲料	9	59	531	4370
3	おにぎり	8	97	776	
4	サンドイッチ	15	153	2295	

商品データ1の
合計金額 = 4369

A君の結果
（C言語）

B君の結果（Excel）

問題25-リスト2　売上げデータ2を使用した2人の実行結果

No	商品名	数量	単価(税別)	小計	合計金額 (小計 * 消費税)
1	スポーツドリンク	32	74	2368	
2	炭酸飲料	81	59	4779	24909
3	おにぎり	101	97	9797	
4	サンドイッチ	40	153	6120	

商品データ2の
合計金額 = 24909

A君の結果
（C言語）

B君の結果（Excel）

110

5.2 テスト・フェーズのバグの問題

```
//画面に合計金額を表示する
printf("商品データ1の合計金額 = %d\n", total1);
printf("商品データ2の合計金額 = %d\n", total2);
return 0;
}
```

解答 25　売上げ金額計算プログラム

　バグは、「小数点の端数処理の違い」による(解答 25-表 1)。

　今回の問題は、定義した商品データの合計金額を算出するプログラムである。両者で値が食い違うのは、小数点の処理の方法の違いによる。結果が異なった原因は、消費税を計算する合計金額が、1 円未満の小数になることにある。問題 25-リスト 1 の合計金額を手計算で実行すると、((444 + 531 + 776 + 2295) * 1.08)となり、4396.68 円となる。バグの原因は、小数点以下の端数処理の違いによる。以下、詳細を解説する。

　A 君のプログラム(問題 25-リスト 2)を見ると、A 君は、合計金額を格納する変数 total1、total2 は int 型である。int 型の場合は、小数点以下を切り捨てるため、結果は 4396 円となる。

　一方、B 君の合計金額は 4397 円となっており(問題 25-リスト 1)、B 君は小数点以下を四捨五入している可能性がある[19]。

　なぜ、問題 25-表 2 のデータで、計算結果が一致したのか。合計金額は、(2368 + 4779 + 9797 + 6120) * 1.08 は、24909.12 円で、A 君は小数点以下を切り捨てたため、24909 円となる。B 君は、小数点以下を四捨五入し、こちらも 24909 円となった。結果として、両者の結果が偶然一致する不思議なバグとなる。消費税が 10% となった今、プログラムの動作が変わる。

　本問題とは事象が異なるが、小数点の端数処理のバグは筆者が小規模な EC

解答 25-表 1　売上げ金額計算プログラムのバグ

バグ名	分類番号	不良分類名	作り込みフェーズ	検出フェーズ	重要度
データ定義、構造、宣言	41xx	データ定義、構造、宣言	設計	テスト	小

111

第 5 章　テスト・フェーズのバグ

サイトを開発時に体験した。合計金額の計算を顧客がチェックしていたところ、「画面によって端数の処理が違うのですが」とユーザから指摘があり、入力データをいろいろ変えて、バグを見つけた。普段使える紙幣やコインには、小数はないが、実際のビジネスでは端数を処理している[20]。

「たかが 1 円」だが、会計処理のソフトウェアでは非常にクリティカルな問題である。計算結果を確実に出力できるように、注意してソフトウェアを作成すべきである。

問題 26　三角形判定プログラム（制限時間：2 時間）

本問題は、3 つの辺の長さから三角形の種類を判定するプログラムである。仕様、プログラム、問題 26-リスト 1 に示す実行結果を読み、テスト項目を作成し、バグを検出せよ。また、バグが見つかった場合、修正方法も考察せよ。

1.　機能概要

本プログラムは、3 辺の値から正三角形、二等辺三角形、不等辺三角形を判定するプログラムである。

2.　機能詳細

2.1　入力機能

コンソールから辺 1、辺 2、辺 3 の整数値をそれぞれ順番に入力する。

2.2　正三角形の判定

3 辺の値が等しい場合、画面に「正三角形」と出力する。

2.3　2 等辺三角形

3 辺の値のうち、2 辺が等しい場合は、画面に「2 等辺三角形」と出力する。

2.4　不等辺三角形

3 辺の値がすべて異なる場合、画面に「不等辺三角形」と出力する。

112

5.2 テスト・フェーズのバグの問題

2.5 異常処理
三角形の判定をする場合は、以下を考慮すること。

⑴ 3辺の値をそれぞれ入力する際には、いずれかの辺が辺 <= 0 かつ
辺 >= 1000 の場合は、その時点で画面に「入力エラー」と出力し、プロ
グラムを終了する。

⑵ 3辺の値をそれぞれ入力する際には、いずれかの辺が小数の場合は、そ
の時点で「入力エラー」と出力し、プログラムを終了する。

⑶ 三角形が成立しない場合は、画面に「三角形ではありません」と出力す
る。三角形が成立するのは、「辺 1 が辺 2 + 辺 3 より大きいかつ、辺 2 が
辺 1 + 辺 3 より大きいかつ、辺 3 が辺 1 + 辺 2 より大きい」場合である。

⑷ プログラムを終了する場合は、「Ctrl + c」を入力する。

制限事項
入力する 3 つの辺は、整数型とする。

3. データ仕様書
下記に、入力値のデータ仕様書を示す。

型	変数名	説明
int	side1	辺 1(cm)
int	side2	辺 2(cm)
int	side3	辺 3(cm)

4. プログラム

```
/*
        三角形判定プログラム
        TrinagleHandler.c
*/

#define DIGITS 4
#include <stdio.h>
#include <string.h>
#include <stdlib.h>
void triangle_handler(int side1, int side2, int side3);
```

113

第 5 章　テスト・フェーズのバグ

```c
void input(int* val);
void isosceles();
void equilateral();
void scalene();

/***********************
 * 関数名:   main
 * 機能   :      (1)辺1〜3を初期化する。
                 (2)辺1〜3の値をコンソールからそれぞれ取得する。
                 (3)三角形を判定する。
 * 引数   :      辺の値
 * 戻り値:       なし
 ***********************/
int main() {
        //辺1、辺2、辺3を初期化
        int side1 = 0;
        int side2 = 0;
        int side3 = 0;

        //辺1、辺2、辺3を入力
        input(&side1);
        input(&side2);
        input(&side3);

        //三角形を判定する
        triangle_handler(side1, side2, side3);

        return 0;
}

/***********************
 * 関数名:   input
 * 機能   :      (1)コンソールから文字列を取得する。
                 (2)文字列の末尾を'¥n'から'¥0'にする
                 (3)入力桁が4桁以上の場合は、プログラムを終了する。
                 (4)取得した文字列をchar型から、int型に変換する
 * 引数   :      辺の値
 * 戻り値:       なし
 ***********************/
void input(int* val) {
        int i;
        int len = 0;
        char str[DIGITS];
```

114

5.2 テスト・フェーズのバグの問題

```c
        //辺を入力
        fgets(str, sizeof(str), stdin);

        //文字列の長さを取得
        len = strlen(str) - 1;

        //文字列の末尾の改行を'¥0'に置き換える
        if (str[len] == '¥n') {
                str[len] = '¥0';
        }
        else {
                //入力桁数が多い場合は、プログラム終了する
                while (getchar() != '¥n') {
                        printf("入力エラー¥n");
                        exit(1);
                }
        }
        //入力した文字列に0～9が含まれていない場合は、
        //プログラムを終了する
        for (i = 0; i < len; i++) {
                if (!(str[i] >= '0' && str[i] <= '9')) {
                        printf("入力エラー¥n");
                        exit(1);
                }
        }
        //文字列を整数型に変換する
        *val = atoi(str);
}


/**********************
 * 関数名:     triangle_handler
 * 機能  :     3辺から三角形の種類を判定する
 * 引数  :     辺1、辺2、辺3
 * 戻り値:     なし
 *********************/
void triangle_handler(int side1, int side2, int side3)
{
        //正三角形、二等辺三角形、不等辺三角形を判定する
        if ((side1 + side2 >= side3) && (side2 + side3 >= side1) &&
(side3 + side1 >= side2)) {
                if (side1 == side2 && side2 == side3 && side3 ==
side1) {
```

115

第5章 テスト・フェーズのバグ

```
                    //正三角形の表示
                    equilateral();
            } else if ((side1 == side2) || (side2 == side3) ||
(side3 == side1)){
                    //二等辺三角形の表示
                    isosceles();
            }
            else {
                    //不等辺三角形の表示
                    scalene();
            }
    }
    else {
            printf("三角形ではありません\n");
    }
}


/*********************
 * 関数名:     equilateral
 * 機能  :     正三角形のメッセージを表示
 * 引数  :     なし
 * 戻り値:     なし
*********************/
void equilateral() {
      printf("正三角形\n");
}


/*********************
 * 関数名:     isosceles
 * 機能  :     二等辺三角形のメッセージを表示
 * 引数  :     なし
 * 戻り値:     なし
*********************/
void isosceles() {
      printf("二等辺三角形\n");
}


/*********************
 * 関数名:     scalene
 * 機能  :     不等辺三角形のメッセージを表示
 * 引数  :     なし
 * 戻り値:     なし
*********************/
```

116

```
void scalene() {
        printf("不等辺三角形¥n");
}
```

5.　実行結果例
　下記に実行結果の例を示す。

5.1　入力手順
　下記に、入力手順例を示す。
⑴　5 を入力し、エンターキーを入力した。
⑵　6 を入力し、エンターキーを入力した。
⑶　7 を入力し、エンターキーを入力した。
⑷　出力結果が、不等辺三角形と表示された。

5.2　上記の入力手順を実行した際の結果

問題 26-リスト 1　実行結果

```
5
6
7
不等辺三角形
```

解答 26　三角形判定プログラム

　バグは、「辺に 0 を入力しても『入力エラー』とならない」「メッセージに誤記がある」「辺に空白を入力しても、『入力エラー』とならない」「入力値が半角か全角かが不明」の 3 つ(解答 26-表 1)。
　下記に、テスト項目の作成例を示す(解答 26-表 2)。

⑴　「0」、「空白」がエラーにならない

　No2、No13 のテスト項目を見ると、「0」と「空白」がエラーとならずに三角形の判定を実行している。バグのあるソース・コードを解答 26-リスト 1 に示す。

第5章　テスト・フェーズのバグ

解答 26-表 1　三角形判定プログラムのバグ

バグ名	分類番号	不良分類名	作り込みフェーズ	検出フェーズ	重要度
0、空白がエラーにならない	32xx	処理	コーディング	テスト	中
メッセージに誤記がある	23xx	コーディング・パンチ	コーディング	テスト	小
三角形の成立条件が機能しない	24xx	領域	コーディング	テスト	大
入力値が半角か全角かが不明	13xx	要求仕様の完全性	仕様	テスト	小

解答 26-表 2　三角形判定プログラムのテスト項目と結果

No.	テスト項目	辺1	辺2	辺3	期待結果	実行結果
1	辺1、辺2、辺3に整数値が入力でき、出力結果を表示することを確認する	100	100	100	正三角形（3辺の入力が実行でき、結果がコンソールに出力できる）	正三角形（コンソール入力実行でき、結果が￥コンソールに出力された）
2	辺がマイナスの場合は入力エラーとする	−1	1	1	入力エラー	入力エラー
3	辺が（最小値−1=0）の場合は入力エラーとする	0	1	2	入力エラー	三角形ではありません
4	前ゼロは入力エラーとする	01	01	01	入力エラー	正三角形
5	辺が（最大値+1=1000）の場合は入力エラーとする	1000	1000	1000	入力エラー	入力エラー
6	辺1の値が数字以外の場合は、入力エラーとする	@	3	4	入力エラー	入力エラー
7	辺1に小数を入力する場合は、入力エラーとする（一般の小数：3.1）	3.1	4	4	入力エラー	入力エラー
8	辺1に小数を入力する場合は、入力エラーとする（境界値：3.0）	3.0	4	4	入力エラー	入力エラー
9	三角形の成立条件が成立しない場合をテストする（一般値：a + b > c）	90	40	20	三角形ではありません	三角形ではありません

118

5.2 テスト・フェーズのバグの問題

10	三角形の成立条件が成立しない場合をテストする（境界値：a + b = c）	40	50	90	三角形ではありません	不等辺三角形
11	二等辺三角形が成立することをテストする	3	3	4	2等辺三角形	二等辺三角形
12	不等辺三角形が成立することをテストする	2	3	4	不等辺三角形	不等辺三角形
13	正三角形が成立することをテストする	1	1	1	正三角形	正三角形
14	空白を入力する場合、入力エラーとなる	空白	空白	空白	入力エラー	正三角形
15	全角数値を入力する場合、入力エラーとなる	5	6	7	入力エラー	入力エラー
16	最大値(999)を正常値として処理する	999	998	997	不等辺三角形	不等辺三角形

解答 26-リスト 1　input 関数の抜粋

```c
//辺を入力
fgets(str, sizeof(str), stdin);

//文字列の長さを取得
len = strlen(str) - 1;

//文字列の末尾の改行を'¥0'に置き換える
if (str[len] == '¥n') {
        str[len] = '¥0';
} else {
        //入力桁数が多い場合は、プログラム終了する
        while (getchar() != '¥n') {
                printf("入力エラー¥n");
                exit(1);
        }
}
for (i = 0; i < len; i++) {
        if (!(str[i] >= '0' && str[i] <= '9')) {
                printf("入力エラー¥n");
                exit(1);
        }
}
//文字列を整数型に変換する
*val = atoi(str);
```

第5章 テスト・フェーズのバグ

　fgets は、コンソールからキー入力を取ってくる関数で、入力した文字数を取得し、末尾を ¥0 で埋め込む。読み込める文字数は、ヌルを入れて4文字としており、桁数がそれ以上の場合は、else 以下で入力エラーとする。その後、文字列を検索し、0〜9以外の文字が無いか探す。見つからなければ、文字列を整数型に変換し、関数を抜ける。このプログラムには以下のバグがある。

- 「0」を入力した場合

　上記のプログラムに、「0」を入力した場合、エラー処理が記載されておらずそのまま関数を抜ける。

- 「空白」を入力した場合

　コンソールから、何も入力しないで入力キーを押すと、fgets は、末尾を「¥n」で埋めるため、末尾を「¥0」に置き換えてしまい、すり抜けてしまう。

　上記のバグを防ぐ方法の1つを解答 26-リスト2 に示す。

問題 26-リスト2　修正例

```
if (str[0] == '0' || str[0] == '¥n') {
        printf("入力エラー¥n");
        exit(1);
}
```

　上記は、コンソール入力後のエラー処理である。文字列を'¥0'で入れ替える前に、1文字目に「0」か、「¥n（改行）」がないかチェックし、ある場合はエラーとする。これにより、空白や0をエラーとして処理できる。

(2)　メッセージに誤記がある

　二等辺三角形の表示メッセージの不正。仕様には以下の記述がある。

　3辺の値のうち、2辺が等しい場合は、画面に「2等辺三角形」と出力する。

　画面には「2等辺三角形」と表示すべきだが、実際には「二等辺三角形」となっている。

120

メッセージ系のバグは、プログラマには軽微だが、ユーザには、「細部まで真面目に作っているのか？」と不信感を与えることがある。

(3) 三角形の成立条件が機能しない

仕様では、いずれかの辺が0以下の場合は、入力エラーとすると定義しているが、実行すると、「三角形ではありません」と出力される。バグの原因は以下のソース・コードである。

```
if ((side1 + side2 >= side3) && (side2 + side3 >= side1) && (side3 +
side1 >= side2))
```

これは、三角形の成立条件の判定式である。仕様には「より大きい」と記載してあるが、ソース・コードは、「>」でなく「>=」となっている。「より大きい」と「以上」の間違いは、プログラマの典型的なミスである。仕様の境界に注目してテスト項目を設計すると、「バグ摘出打率」の高いテストができる。

(4) 半角と全角のどちらを入力するべきかわからない

厳密なバグではないが、キーボードから数値を入力する場合、全角と半角のどちらで入力すべきかを記載しておらず、曖昧な仕様となっている

今回の問題では、全角コードを入力すると入力エラーとしている。ユーザは、実際は半角と全角の両方で入力したい可能性があり、仕様定義者に問い合わせ、仕様に明記すべきである。

テスト項目を設計すると、さまざまな疑問点が出る。テスト項目は、仕様を具体的な数値で表したものであり、テスト設計時の疑問点は「仕様の不良」や「仕様の抜け」の可能性がある。この疑問を開発側にフィードバックをするのも、テスト技術者の仕事の1つである。テスト技術者の仕事として、開発側と議論してほしい。

ソフトウェアは、ユーザのさまざまな異常入力に対応する必要がある。テスト項目を設計する際は、通常考えられない入力しても、正しい動作をするか検証する必要がある。想像力の限界が品質の限界である。

第5章　テスト・フェーズのバグ

問題 27　曜日算出プログラムの単体テスト(制限時間：2時間)

　西暦、月、日からその日の曜日を算出する関数、「week_of_the_day」を作った。仕様、および、ソース・コードを以下に示す。この関数を検証するためのテスト項目を設計せよ。また、この関数を検証するためのプログラム(ドライバ)を作成し、テストを実行してバグを摘出せよ。

1.　機能概要
　本関数は、入力した西暦、月、日からその日の曜日を算出するプログラムである。

2.　機能詳細
2.1 グレゴリオ暦とは
　「グレゴリオ暦」とは、ローマ法王 13 世が導入した暦。グレゴリオ以前の暦(ユリウス暦)では、1 年を 365.25 日に補正するため、4 年に一度、潤年を設定していた。覚えやすいシステムであり、理論上、正しいように見えるが、一年のより正確な日数は 365.2422 日であっため、毎年 0.0078 日ずれが発生し、何世紀も経つと、実際の日との「ずれ」が大きくなった。これを補正するため、グレゴリオ暦では、下記を定めた。

- 4 で割り切れる年は閏年
- ただし、100 で割り切れる年は平年
- 400 で割り切れる年は閏年

また、ユリウス暦からグレゴリオ暦の引継ぎは、以下のようにした。

- 日付：1582 年 10 月 4 日の次の日を 1582 年 10 月 15 日に設定
- 曜日：木曜日から金曜日に連続になるように設定

　将来、より正確な日数にするため、暦のシステムを変更する可能性がある

122

が、今回の対象範囲外とする。

2.2　年月日の取得

コンソールから西暦、月、日を取得する。ただし、下記に注意すること。

2.2.1　西暦

西暦は、グレゴリオ暦の開始時（1581 年）から 3000 年の数値とする。

2.2.2　月

月は、1 月から 12 月までの数値である。

2.2.3　日

日は、1 日から月ごとの最終日までの数値である。問題 27-表 1 に、一覧表を示す。

問題 27-表 1　月ごとの最終日

月	1	2	3	4	5	6	7	8	9	10	11	12
日付の最終日	31	28	31	30	31	30	31	31	30	31	30	31

2.2.4　開始日時

グレゴリオ暦の開始日時は、1582 年 10 月 15 日とする。

2.3　曜日の取得

ツェラーの公式を用いて、西暦、月、日から曜日を算出する。ツェラーの公式は以下のとおり。

曜日 ＝（年 ＋ 年 / 4 － 年 / 100 ＋ 年 / 400 ＋（13 ＊ 月 ＋ 8）/ 5 ＋ 日）% 7

2.3.1　1 月と 2 月の表現方法

ツェラーの公式では、1 月と 2 月は、前年の 13 月と 14 月として考える。よって、下記の式を適用し、年と月を変換する。

第 5 章　テスト・フェーズのバグ

- 1 月の場合

　年 = 年 − 1

　月 = 13

- 2 月の場合

　年 = 年 − 1

　月 = 14

2.3.2　曜日の変換

ツェラーの公式の出力結果を問題 27-表 2 に示す。

問題 27-表 2　ツェラーの公式の出力結果

曜日	日曜	月曜	火曜	水曜	木曜	金曜	土曜
数値	0	1	2	3	4	5	6

2.3.3　潤年

潤年は、「日 = 日 + 1」とする。

3.　関数説明

関数説明を問題 27-表 3 に示す。

問題 27-表 3　関数説明

関数名	week_of_the_day	曜日を取得する関数
引数 1	int year	西暦
引数 2	int month	月
引数 3	int day	日
戻り値	res	−1：エラー 0：日曜日 1：月曜日 2：火曜日 3：水曜日 4：木曜日 5：金曜日 6：土曜日

124

5.2 テスト・フェーズのバグの問題

4. 曜日取得関数、「week_of_the_day」のソース・コード

```
//曜日を求める関数
int week_of_the_day(int year, int month, int day) {
        int temp_day = 0;
        //月ごとの最終日の一覧
        int day_table[] = { 31, 28, 31, 30, 31, 30, 31, 31, 30, 31,
30 ,31 };
        int res = 0;

        temp_day = day_table[month - 1];
        if (year <= 1581 || year >= 3001) {
                return -1;
        }
        else if (month <= 0 && month >= 13) {
                return -1;
        }
        else if (day <= 0 || day > temp_day) {
                return -1;
        }

        //4で割り切れるかつ100で割り切れない、または400で割り切れる
        //場合は潤年とする
        if ((year % 4 == 0) && (year % 100 != 0) || (year % 400 ==
0)) {
                day = day + 1;
        }

        //月が1か2の場合は、去年の13月、14月として計算する
        if (month == 1 || month == 2) {
                //去年にする
                year = year - 1;
                //12を加算し、13月か14月に変更する
                month = month + 12;
        }

        //ツェラー公式から曜日を算出する
        res = (year + year / 4 - year / 100 + year / 400 + (13 *
month + 8) / 5 + day) % 7;

        return res;
}
```

125

第 5 章　テスト・フェーズのバグ

5.　制限事項

グレゴリオ暦のみを考えるため、ユリウス暦は使用しない。

関数を呼び出す際には、数値のみを入力すること。

実機を使用する方法は任意であるため、テストに必要な環境は自身で用意すること。

解答 27　曜日算出プログラムの単体テスト

曜日算出関数のバグは以下のとおり（解答 27-表 1）。

テスト項目の例と実行結果を解答 27-表 2 に示す。

(1)　単体テストを実行するためのドライバ

本問題は、年、月、日を入力し、曜日を求める関数のテストである。単体テストをするためのドライバには、いろいろな実現法がある。以下に一例を示す。

```c
int main(){
    int result = 0;
    int year,month,day;
    scanf("%d %d %d",&year,&month, &day);
    result = week_of_the_day(year,month,day);
    if (result == 0){
        printf("日曜日\n");
    }
}
```

解答 27-表 1　曜日算出プログラムの単体テスト

バグ名	分類番号	不良分類名	作り込みフェーズ	検出フェーズ	重要度
グレゴリオ暦開始日の仕様記述に矛盾がある	12xx	論理	要求仕様	要求仕様	小
グレゴリオ暦の開始日を考慮せず	41xx	データ定義、構造、宣言	設計	テスト	小
潤年を認識しない	23xx	場合分けの完全性	設計	テスト	中
配列の領域外アクセスを起こす	41xx	データのアクセスと取扱い	コーディング	テスト	大

126

5.2 テスト・フェーズのバグの問題

解答 27-表 2　テスト項目の例と実行結果

No	テスト項目	辺1	辺2	辺3	期待結果	実行結果
1	グレゴリオ暦以前の年である 1581 年 10 月 15 日を入力する	1581	10	15	−1(エラー)	−1(エラー)
2	グレゴリオ暦開始日の 1582 年 10 月 15 日を入力する	1582	10	15	5(金曜日)	5(金曜日)
2	グレゴリオ暦開始 1 日前を入力する	1582	10	14	−1(エラー)	4(木曜日)
3	グレゴリオ暦最終日を入力する	3000	12	31	3(水曜日)	3(水曜日)
4	グレゴリオ暦最終日 +1 を入力する	3001	1	1	−1(エラー)	−1(エラー)
5	西暦の最大値を入力する	3000	4	7	1(月曜日)	1(月曜日)
6	西暦の最大値 +1 を入力する	3001	4	7	−1(エラー)	−1(エラー)
7	潤年-1 を入力する	2000	2	28	1(月曜日)	2(火曜日)
8	潤年を入力する	2000	2	29	2(火曜日)	−1(エラー)
9	潤年 +1 を入力する	2000	2	30	−1(エラー)	−1(エラー)
10	月の最小値-1 を入力する	1990	0	26	−1(エラー)	−1(エラー)
11	月の最小値を入力する	1990	1	26	5(金曜日)	5(金曜日)
12	月の最大値を入力する	1990	12	26	3(水曜日)	3(水曜日)
13	月の最大値 +1 を入力する	1990	13	26	−1(エラー)	−1(エラー)
14	0 日を入力する	1700	1	0	−1(エラー)	−1(エラー)
15	1 日を入力する	1700	1	1	5(金曜日)	5(金曜日)
16	31 日を入力する	1700	1	31	0(日曜日)	0(日曜日)
17	32 日を入力する	1700	1	32	−1(エラー)	−1(エラー)
18	年を int 型の最大値でテスト	最大値	3	20	−1(エラー)	−1(エラー)
19	月を int 型の最大値でテスト	2800	最大値	20	−1(エラー)	Segmentation fault（コアダンプ）
20	日を int 型の最大値でテスト	2800	3	最大値	−1(エラー)	−1(エラー)
21	年を int 型の最小値でテスト	最小値	3	20	−1(エラー)	−1(エラー)
22	月を int 型の最小値でテスト	2800	最小値	20	−1(エラー)	Segmentation fault（コアダンプ）
23	日を int 型の最小値でテスト	2800	3	最小値	−1(エラー)	−1(エラー)

127

第 5 章　テスト・フェーズのバグ

(2)　バグの詳細
　以下に、バグの詳細を示す。

(a)　グレゴリオ暦開始日の仕様記述に矛盾がある
　仕様を読むと、グレゴリオ暦開始日には、以下のように矛盾がある。

2.2.1　西暦
　西暦は、グレゴリオ暦の開始時(1581 年)から 3000 年の数値とする。

2.2.4　開始日時
　グレゴリオ暦の開始日時は、1582 年 10 月 15 日とする。

　2.2.1 には、「グレゴリオ暦の開始時(1581 年)……」と書いてある。一方、2.2.4 には、「グレゴリオ暦の開始日時は、1582 年 10 月 15 日とする」とあり、矛盾する。歴史上、グレゴリオ暦の開始は、1582 年 10 月 15 日であり、仕様の 2.2.1 は正しくない。
　テスト項目を設計していると、意外に仕様の誤りが多数見つかる。テストは仕様が正しい前提で設計することが多いが、仕様にもバグがあることを忘れてはならない。

(b)　グレゴリオ暦が始まる 1 日前がエラーにならない
　グレゴリオ暦は、1582 年 10 月 15 日から始まる。一日前の 1582 年 10 月 14 日を入力すると「-1」と出力するはずだが、4(木曜日)となる。これは、グレゴリオ暦の開始年は考慮しているが、開始日を意識していないことによる。

(c)　潤年を認識しない
　潤年の 2 月 29 日を入力すると、曜日を出力するはずが「-1(エラー)」となる。このバグがあるソース・コードを以下に示す。

```
else if (day <= 0 || day > temp_day) {
        return -1;
}
//4で割り切れるかつ100で割り切れない、または400で割り切れる
```

```
//場合は潤年とする
if ((year % 4 == 0) && (year % 100 != 0) || (year % 400 ==
0)) {
        day = day + 1;
}
```

　潤年は、2月の最終日を1日追加する。1日を足す前にエラー判定をしており、エラーとなった。

(d)　配列の領域外アクセスを起こす

　No19とNo22の実行結果が、コアダンプとなっている。この原因は、下記のとおり。

```
temp_day = day_table[month - 1];

//エラー処理を行う
if (year <= 1581 || year >= 3001) {
        return -1;
}
else if (month <= 0 && month >= 13) {
        return -1;
}
else if (day <= 0 || day > temp_day) {
        return -1;
}
```

　上記は、各月の日数を代入し、エラー処理を実行している。問題は、「temp_day = day_table[month - 1];」の行にある。月ごとに日数が異なるため、配列で各月の日数を持ち、月の入力に従った日を代入するのはよいが、過大な入力があった場合、領域外にアクセスし、コアダンプとなる。

問題28　温度変換プログラム（制限時間：10分）

　シリコンバレーにある開発部門の支社から、摂氏温度からケルビンに変換するプログラムの検証依頼があった。下記に示す仕様、プログラム、実行結果からソフトウェアを市場にリリースしてもよいか判断せよ。

第5章　テスト・フェーズのバグ

1.　機能概要

本プログラムは、摂氏温度からケルビンに変換するプログラムである。

2.　機能詳細

2.1　入力データ

入力するデータは、夏のシリコンバレー（サンノゼ）の1時間ごと、全部で24時間の摂氏温度データを入力する（問題28-表1）。

問題28-表1　摂氏温度データ

時	1	2	3	4	5	6
摂氏温度［℃］	82.4	81.5	81.5	80.6	80.6	80.6
時	7	8	9	10	11	12
摂氏温度［℃］	83.3	86	88.7	90.5	93.2	95
時	13	14	15	16	17	18
摂氏温度［℃］	95.9	96.8	95.9	93.56	92.3	89.24
時	19	20	21	22	23	24
摂氏温度［℃］	87.62	85.82	84.38	82.76	81.5	81.14

なお、単位は水の氷点を0度、水の沸点を100度と表記する摂氏温度を入力する。

2.2　ケルビン温度への変換

K = 摂氏温度 + 273.15

2.3　表示

1時間ごとの温度を改行区切りで表示する。

3　制限事項

温度データは、ユーザビリティを考慮すると、ファイルで入力するほうがよいが、本問題ではハード・コーディングする。

/*

TempConvert.c

        ケルビン温度変換プログラム
*/
#include <stdio.h>
//1時間ごとの摂氏温度[℃]データ
double TemperatureData[25] = {
        82.40, 81.50, 81.50, 80.60, 80.60, 80.60,
        83.30, 86.00, 88.70, 90.50, 93.20, 95.00,
        95.90, 96.80, 95.90, 93.56, 92.30, 89.24,
        87.62, 85.82, 84.38, 82.76, 81.50, 81.14
};
int main(void) {
        double K[25]; //ケルビン温度配列
        int i;   //ループ変数

        i = 0;
        while (i <= 23) {
                //変数を0クリア
                K[i] = 0.0;

                //ケルビン温度の変換
                K[i] = TemperatureData[i] + 273.15;

                //変換結果の表示
                printf("%d時: %lf\n", i+1, K[i]);

                //ループ変数+1
                i++;
        }

        return 0;
}

実行結果
1時: 355.550000
2時: 354.650000
3時: 354.650000
4時: 353.750000
5時: 353.750000
6時: 353.750000
7時: 356.450000
8時: 359.150000
9時: 361.850000
10時: 363.650000

第 5 章　テスト・フェーズのバグ

11時: 366.350000
12時: 368.150000
13時: 369.050000
14時: 369.950000
15時: 369.050000
16時: 366.710000
17時: 365.450000
18時: 362.390000
19時: 360.770000
20時: 358.970000
21時: 357.530000
22時: 355.910000
23時: 354.650000
24時: 354.290000

解答 28　温度変換プログラム

テスト項目が正しくない(解答 28-表 1)。

解答 28-表 1　温度変換プログラムのバグ

バグ名	分類番号	不良分類名	作り込みフェーズ	検出フェーズ	重要度
温度データに間違いがある	81xx	テスト設計不良	テスト	テスト	小

　このプログラムは、摂氏温度からケルビン温度に変更するプログラムである。バグは、使用するデータにある。「入力するデータは、夏のシリコンバレーの 1 時間ごとの温度で、全部で 24 時間の摂氏温度データを入力する」と書いてあるが、データが正しくない。プログラム内に定義したデータを見ると、

```
//1時間ごとの摂氏温度[℃]データ
double TemperatureData[25] = {
      82.40, 81.50, 81.50, 80.60, 80.60, 80.60,
      83.30, 86.00, 88.70, 90.50, 93.20, 95.00,
      95.90, 96.80, 95.90, 93.56, 92.30, 89.24,
      87.62, 85.82, 84.38, 82.76, 81.50, 81.14
};
```

5.2 テスト・フェーズのバグの問題

　夏の温度としては、異常に暑い。これはデータのバグであり、現地のプログラマが、華氏と摂氏を間違えたことによる[21]。華氏のデータを摂氏に変換すると、30度前後の正常な温度データとなる[22]。

　単位の間違いは意外に多い。しかも、思い込みが強く働くため、なかなかわからない。例えば、角度センサーの傾き30度は、ラジアン表記で約0.52ラジアンである。実機を見ている人は、おかしいと気づくはずだが、データだけを見ると、0.52度で動いていると読み取ることもできる。場合によっては見慣れない単位を扱うこともあるため、たかが単位と考えることは危険である。

　テスト技術者は、開発部門の成果物をチェックする責務がある。「品質の最後の砦」である。開発部門の成果物に品質を正しく判断する必要がある。出荷後のソフトウェアの品質は、品質保証部門の責任となる。製品にバグがないことをきちんと検証し、社会に貢献してほしい。

133

第6章

保守フェーズのバグ

6.1 保守フェーズ特有の課題

　第1バージョンが完成して市場にリリースし、第2バージョン以降の機能拡張、性能向上、新ハードウェアのサポートを実施するフェーズが保守である。

　保守では、以下のように、新規開発にない特有の課題がある。

(1) 自分が作っていない箇所のデバッグを担当する

　新規開発のプロジェクトでは、例えば20人で2年かけて、500KLOCの通信制御系プログラムを開発する。平均的なプログラマの生産性は、1人1カ月1KLOC前後なので、1人が担当するソフトウェアは24KLOC程度である。第1バージョンがマーケットに出ると、プロジェクト・チームは保守要員として、例えば、4人を残し、他の16人は別のプロジェクトでの新規開発へ投入される。

　保守の4人で500KLOCのソフトウェアの保守（機能拡張やバグ修正）する場合、自分が作っていないプログラムも保守しなければならない。これにより、「他人のプログラムの仕様を理解する」「他人のソース・コードを解読・理解する」「他人のプログラムを変更する」という非常に難度の高い作業を担当せねばならない。

(2) 機能後退が発生する可能性がある。

　保守での変更により、他のまったく無関係な機能に影響する場合が少なくない。これが「機能後退」で、原因を特定するのが非常に困難である。機能後退は、バグ修正でソース・コードを変更し、それにより、命令語のアラインメントが変わったり、ロード・モジュールの大きさが変化して、従来はメモリ中に入っていたプログラムが磁気ディスク上にあるままだったり、他のモジュール

第6章　保守フェーズのバグ

と干渉が発生して起きると言われている。バグを修正したら、検証として、「バグ周辺のチェック」だけでなく、「バグ修正により、他の無関係の機能が悪影響を受けていないことのチェック」が必要となる。後者のチェックをするテストが、「回帰テスト（regression test）」で、製品出荷直前にバグを修正した場合や、顧客へリリースした後のプログラム変更では、メッセージを1文字しか変えない修正であっても、必ず、回帰テストを実行する必要がある。回帰テストでは、正常機能の通常処理を一通り実行させる場合がほとんどで、特殊ケースや異常時の処理を含める必要はないし、テスト項目数も少なくて構わない。

　保守でのバグ修正は、新規開発と異なり、以下の作業が必要となる。

① **バグの検出と再現条件の特定**
　バグを摘出した場合、再現条件を明確にする。

② **修正方針の決定**
　現在の機能や性能に影響しないような修正方法を検討し、実装する。これは、機能追加・修正の場合でも同様である。

問題29　九九表示プログラム（制限時間：10分）

　A君は、九九を表示するプログラムを作成した。第1バージョン（九九だけの演算）の仕様とプログラムを下記に示す。下記の内容から、将来、このプログラムを拡張して 20*20 の積の一覧表を表示する場合の問題点を指摘し、拡張する場合の方針を考察せよ。

1.　機能概要
　1*1〜9*9 までの九九を表示する。

2.　表示画面
　各段を行として、それぞれの数値に半角スペースを空けて表示する。また、次の段に移行する場合は、改行する。

3.　九九の計算
　九九を計算する。

6.1　保守フェーズ特有の課題

4.　プログラム

```c
#include <stdio.h>
int main(void) {
      int i, j;

      for (i = 1; i <= 9; i++) {
            for (j = 1; j <= 9; j++) {
                  printf("%d ", i * j);
            }
            printf("¥n");
      }
}
```

5.　プログラムの実行結果

　プログラムの実行結果を以下に示す。

```
1 2 3 4 5 6 7 8 9
2 4 6 8 10 12 14 16 18
3 6 9 12 15 18 21 24 26
4 8 12 16 20 24 28 32 36
5 10 15 20 25 30 35 40 45
6 12 18 24 30 36 42 48 54
7 14 21 28 35 42 49 56 63
8 16 24 32 40 48 56 64 72
9 18 26 36 45 54 63 72 81
```

> ## 解答 29　九九表示プログラム

　ループ処理にマジックナンバーを使用している（解答 29-表 1）。

　このプログラムでは、以下のように、ループ処理でマジックナンバーの「9」を使用している。

解答 29-表 1　九九表示プログラムのバグ

バグ名	分類番号	不良分類名	作り込みフェーズ	検出フェーズ	重要度
マジックナンバーの使用	52xx	規約違反	コーディング	保守	小

137

第6章　保守フェーズのバグ

```
for (i = 1; i <= 9; i++) {
        for (j = 1; j <= 9; j++) {
```

　第1バージョンでは、九九だけを計算するプログラムなので、「9」の意味を推察しやすいが、コメントの記述なしで直接書くと、保守をするエンジニアは数値の意味を把握しにくい。プログラムが大きくなると、修正箇所が増え、修正時にバグを作り込む可能性がある。

保守時の方針

　第2バージョンで「20*20」の演算まで確証する場合の方針修正の方針を以下に示す。

方針1：for文の「i <= 9」と「j <= 9」を直接20に変更する。

　この程度のプログラムであれば、マジックナンバーを直接変更してもよい。単純に20*20にするなら、「i <= 20」「j <= 20」に変更すればよい。

方針2：プリプロセッサを使用する

　今後も修正が予想できる場合は、プリプロセッサを活用し、値を定数化する。例えば、WIDTH(行)、HEIGHT(列)のような変数名を定義し、「i <= WIDTH;」「i <= HEGIHT;」とする。この方法なら、100*100に修正する場合でも、定数値の変更でよい。

　また、将来、修正回数が多いと予想できる場合は、ファイルから定数値のWIDTH、HEGIHTを入力する仕組みにする。それにより、プログラムのコンパイルをすることなく九九の拡張ができる。

問題30　ヒットアンドブローゲーム（制限時間：3時間）

　4桁の数値を推測するヒットアンドブローゲームの第1バージョンを作成した。これに機能を追加し、第2バージョンを作ることになった。下記に、4桁の数値を推測するヒットアンドブローゲームの第1バージョンの仕様とプログラム、および、第2バージョンでの変更内容を示す。変更する際の問題点と、それに対する方針を考察せよ[23]。ヒットアンドブローゲームは、別名でマスターマインドとも呼ばれるボードゲームである。ボードゲームでは、ピンを使って遊ぶが、問題ではそれを数値に見立てている。

138

6.1 保守フェーズ特有の課題

1. 第1バージョンのヒットアンドブローの概要

初期バージョンのヒットアンドブローゲームの概要を説明する。問題30-図1にヒットアンドブローのフローチャートを示す。

2. 第1バージョンの進行手順

ヒットアンドブローは、CPU が生成した4桁の数値をプレイヤーが推理するゲームで、以下の手順で進む。

(1) プレイヤーの数値を作成する

プレイヤーは、4桁の任意の数値を作成する。ただし、4桁の中で同じ数字を使用できない。例えば、1231 は入力できない。

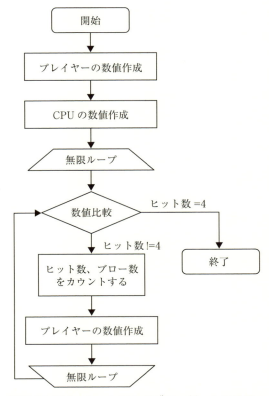

問題30-図1　ヒットアンドブローゲームのフロー

139

第6章　保守フェーズのバグ

⑵　CPU の数値を作成する
　CPU の数値として 4 桁の任意の数値を作成する。ただし、上記同様、4 桁の中で同じ数字は使えない。例えば、1231 は入力できない。

⑶　数値を比較
　プレイヤーと CPU の数値を比較する。
⒜ 4 桁のプレイヤーとの数値がすべて一致している場合は、プログラムを終了する。
⒝プレイヤーと CPU との数値がすべて一致していない場合は、下記の示したヒット数とブロー数をカウントする。
　⒤プレイヤーと CPU の数値の桁と位置が一致している場合は、ヒットとし、その数をカウントする。
　⒤⒤プレイヤーと CPU の数値がどこかの桁と一致している場合は、ブローとし、その数をカウントする。

3.　第 1 バージョンの機能詳細
　本プログラムは、4 桁の数値を予測するヒットアンドブローゲームのプログラムである。

3.1　入力機能
　プレイヤーと CPU は、4 桁の数値を作成する。

3.1.1　プレイヤー入力
　プレイヤーは、それぞれ異なる 4 桁の数値を入力する。ただし、不正な入力がある場合は、再入力する。

3.1.2　CPU の入力
　CPU は、それぞれ異なる 4 桁の数値をランダムで生成する。

3.2　判定処理
　プレイヤーと CPU が作成した数値を比較し、どの桁の数値が一致しているか判定する。下記に、一致する条件を示す。

3.2.1 ヒット

数値と位置が一致している場合は、ヒットとする。

例：プレイヤーが「1234」、CPU が「9284」の場合は、「2」と「4」が桁と数値が一致しているため、ヒット数は 2 となる。

3.2.2 ブロー

位置は異なるが、一致する数値がある場合は、ブローとする。

例：プレイヤーが「1234」、CPU が「3476」の場合、位置はあっていないが、同じ数値がある場合は、ブローとする。今回は、同じ数値が 2 個あるため、ブロー数が 2 である。なお、ヒットとブローは、ヒットを優先してカウントする。

3.3 表示機能

コンソールに、ヒットとブローの数を表示する。

ヒット数が 4 となった場合は、「プログラム終了」と表示する。

制限事項

CPU の数値作成時に使用する乱数の偏りは考慮しない。

4. 第 1 バージョンの「ヒットアンドブロー」のソース・コード

```
/*
        HitBlow.h
        ヒットアンドブローゲームのヘッダー
*/
#define TRUE 1                          //ゲーム終了条件成立
#define FALSE 0                         //ゲーム終了条件不成立
#define NORMAL 0                        //正常状態
#define ERROR -1                        //異常状態
#define MAX_SIZE 5                      //サイズ
#include <stdio.h>
#include <string.h>
#include <stdlib.h>
#include <time.h>
int hit_num;                            //ヒット数
int blow_num;                           //ブロー数
```

第6章　保守フェーズのバグ

```c
int fin_flg;                        //終了フラグ
char player_str[MAX_SIZE];          //プレイヤーの数値
char cpu_str[MAX_SIZE];             //CPUの数値
int InputPlayer();
void InputCpu();
void Hit();
void Blow();
int Compare();
int HitBlow();
void Output();
void DebugOut();
void ClearCount();
/*
        HitBlow.c
        ヒットアンドブローゲーム
*/

#include "HitBlow.h"
int main()
{
        int flg = FALSE;            //不成立状態にセット
        int status = NORMAL;        //ステータスを正常状態に設定

        printf("ゲーム開始!!!¥n");

        //CPUの入力を作成
        InputCpu();

        while (flg != TRUE) {
                //ヒット数とブロー数をクリア
                ClearCount();

                printf("%d桁の数値を入力してください¥n", MAX_SIZE - 1);

                while (1) {
                        //プレイヤーの入力
                        status = InputPlayer();

                        //エラーが無い場合は、ループを抜ける
                        if (status == ERROR) {
                                printf("入力エラーです。¥n");
                                printf("%d桁の数値を入力してください¥n",
MAX_SIZE - 1);
```

142

```c
                    continue;
                }
                break;
            }
            //プレイヤーとCPUの数値を比較する
            flg = HitBlow(player_str, cpu_str);
        }
        printf("プログラム終了\n");

        return 0;
}
//******************************
// 関数名: InputPlayer
// 戻り値: int型
// 引数　 : なし
// 動作　 : コンソール入力処理を行う
//******************************
int InputPlayer() {
        int i;
        int j;
        int value = 0;
        int len = 0;
        int c;

        //コンソールから数値を入力する
        fgets(player_str, sizeof(player_str), stdin);

        len = strlen(player_str) - 1;
        if (player_str[len] == '\n') {
                return ERROR;
        } else {
                if (c = getchar() != '\n'){
                        while (1){
                                c = getchar();
                                if (c == '\n'){
                                        return ERROR;
                                }
                        }
                }

                //規定した文字数以外の場合は、エラーとする
                if (len+1 != MAX_SIZE - 1) {
                        return ERROR;
```

第6章　保守フェーズのバグ

```
                        }

                        //数値以外を入力した場合は、エラーとする
                        for (i = 0; i <= len; i++) {
                                if (!(player_str[i] >= '0' && player_str[i] <=
'9')) {
                                        return ERROR;
                                }
                        }
                }
                value = atoi(player_str);

                //同じ文字が含まれている場合は、エラーとする
                for (i = 0; i <= len; i++) {
                    for (j = 0; j <= len; j++) {
                        if (i != j) {
                            if (player_str[i] == player_str[j]) {
                                return ERROR;
                            }
                        }
                    }
                }

                return 0;
}
//*****************************
//関数名: InputCpu
//引数　 : なし
//戻り値: なし
//動作　 : CPUの入力を決定する
//*****************************
void InputCpu() {
        //桁数用の変数の初期化
        int digit1 = 0;             //1桁目
        int digit2 = 0;             //2桁目
        int digit3 = 0;             //3桁目
        int digit4 = 0;             //4桁目

        srand((unsigned)time(NULL));

        //乱数から4桁の数値を作成
        while (1) {
                digit1 = rand() % 9;
```

144

6.1　保守フェーズ特有の課題

```
                digit2 = rand() % 9;
                if (digit1 == digit2) {
                        continue;
                }
                digit3 = rand() % 9;
                if (digit1 == digit3 || digit2 == digit3) {
                        continue;
                }
                digit4 = rand() % 9;
                if (digit1 == digit4 || digit2 == digit4 || digit3 ==
digit4) {
                        continue;
                }
                else {
                        break;
                }
        }

        //文字列を結合
        sprintf(cpu_str, "%d%d%d%d", digit1, digit2, digit3, digit4);
        cpu_str[MAX_SIZE - 1] = '¥0';
}
//*******************************
//関数名: Hit
//引数   : なし
//戻り値: なし
//動作   : ヒット数をカウントする
//*******************************
void Hit() {
        int i;

        //プレイヤーとCPUの数値を比較し、ヒット数をカウントする
        for (i = 0; i < MAX_SIZE - 1; i++) {
                if (player_str[i] == cpu_str[i]) {
                        hit_num++;
                }
        }
}
//*******************************
//関数名: Blow
//引数   : なし
//戻り値: なし
//動作   : ブロー数をカウントする
```

145

第6章　保守フェーズのバグ

```c
//******************************
void Blow() {
        int i, j;

        //プレイヤーとCPUの数値を比較し、ブロー数をカウントする
        for (i = 0; i < MAX_SIZE - 1; i++) {
                for (j = 0; j < MAX_SIZE - 1; j++) {
                        if (player_str[i] == cpu_str[j]) {
                                if (i != j) {
                                        blow_num++;
                                }
                        }
                }
        }
}
//******************************
//関数名: Compare
//引数　 : なし
//戻り値: int
//動作　 : プレイヤーとCPUの数値を比較する
//******************************
int Compare() {
    int i;

    //位置と数値がすべて一致しているか判定する
    for (i = 0; i < MAX_SIZE - 1; i++) {
        if (player_str[i] != cpu_str[i]) {
            return FALSE;
        }
    }
    return TRUE;
}
//******************************
//関数名: HitBlow
//引数　 : なし
//戻り値: int
//動作　 : ヒットブローゲームの制御をする
//******************************
int HitBlow() {

        //4ヒットとなっているか確認する
        fin_flg = Compare();
```

146

```
        //4ヒットとなっている場合は、数値の比較をする
        if (fin_flg != TRUE) {
                ClearCount();
                Hit();
                Blow();
                Output();
        }

        return fin_flg;
}
//******************************
//関数名: ClearCount
//引数  : なし
//戻り値: void
//動作  : ヒット数とブロー数をクリアする
//******************************
void ClearCount() {
        hit_num = 0;
        blow_num = 0;
}
//******************************
//関数名: Output
//引数  : なし
//戻り値: void
//動作  : ヒット数とブロー数を表示する
//******************************
void Output() {
        printf("%dヒット  %dブロー¥n", hit_num, blow_num);
}
//
//******************************
//関数名: DebugOut
//引数  : なし
//戻り値: void
//動作  : ヒット数とブロー数を表示する（デバッグ用）
//******************************
void DebugOut() {
        printf("player_str = %s¥n", player_str);
        printf("cpu_str = %s¥n", cpu_str);
}
```

5. 第2バージョンの「ヒットアンドブロー」での追加機能
   第2バージョンとして、以下を追加する。

第 6 章　保守フェーズのバグ

- 桁数を 4 桁から 5 桁に増やす。
- コンピュータとの対戦機能を追加する。

追加機能の詳細を以下に示す。

5.1　桁数を 4 桁から 5 桁に増やす
現在の数値は 4 桁だが、戦略性を高めるため、5 桁に変更する。

5.2　コンピュータとの対戦機能を追加する
現在のプログラムは、プレイヤーが CPU の数値を当てるゲームである。ゲーム性を上げるため、「人間 vs コンピュータ」の対戦機能を追加する。下記に追加項目を示す。

⑴　先攻と後攻を決定する
プレイヤー側とコンピュータ側のどちらが先に数値を推測するかランダムに決定する。

⑵　コンピュータ側の AI を作成する
コンピュータ側がプレイヤー側の数値を推測する AI 機能を作成する。ただし、推測アルゴリズムは、任意でよい。

⑶　先攻と後攻を 1 セット行い、試行回数が少ない方を勝利とする。
先攻と後攻を 1 セットとし、それを 2 ターン（2 セット）繰り返す。その結果、数値を当てるまでの試行回数が少ない方を勝利とする。

解答 30　ヒットアンドブローゲーム

第 1 バージョンのプログラムを保守するうえでの問題点は以下のとおり（解答 30-表 1）。
以下に問題点の詳細を記す。

6.1 保守フェーズ特有の課題

解答 30-表 1 ヒットアンドブローゲームのバグ

バグ名	分類番号	不良分類名	作り込みフェーズ	検出フェーズ	重要度
デッドコードがある	59xx	その他インプリメント	コーディング	保守	小
コメントのバグ	53xx	ドキュメンテーション	コーディング	保守	小
プログラムの意図が不明	52xx	規約条件	コーディング	保守	中

問題点の詳細

(1) デッドコードがある

保守で最も難しいのは、他人のプログラムを理解することである。他人のプログラムを正しく理解することは簡単ではない(自分でコーディングしたプログラムも、3 カ月経つと、「他人のソース・コード」となる)。他人が場当たり的に記述したコードを見ると、きちんと保守できるか不安になる[*24]。

本問題では、DebugOut 関数というどこでも使用していない関数がある。いわゆるデッドコードであり、読み手の混乱を招く。本来は修正するべきだが、保守では 1 つの修正により、無関係の箇所に影響する可能性があり、非常に勇気がいる。そのため、デッドコードを認識していても、削除せずにそのままのプログラムも少なくない。

(2) コメントのバグ

保守時に悩むのは、コメントのバグである。コメントは、保守担当者の理解を助ける効果があるが、記述内容が間違っていると深刻な誤解を生む。今回の例では、以下の部分である。

```
int HitBlow() {
      //4ヒットとなっているか確認する
      fin_flg = Compare();

      //4ヒットとなっている場合は、数値の比較をする
      if (fin_flg != TRUE) {
            ClearCount();
            Hit();
            Blow();
            Output();
```

149

第6章　保守フェーズのバグ

```
        }
        return fin_flg;
}
```

　上記では、コメントとコードが食い違っている。

　最初のコメントでは、Compare 関数で「4 ヒットとなっているか確認する」
とあり、正しいコメントである。次のコメントは、「4 ヒットとなっている場
合は、数値の比較をする」とあるが、実際の if 文、「if (fin_flg != TRUE))」
は、「4 ヒットとなっていない場合」であり、論理式と矛盾する。

　保守では、作成した本人でも、時間が経つと、コメントの記述ミスがわから
ない。本問題では、コメント不正が比較的わかりやすいが、読み手が誤解する
可能性がある。コメントは、大きな手掛かりになるが、コメントにもバグがあ
ることに留意しよう。

(3)　わかりにくいプログラム

　人とのコミュニケーションが円滑に進まないのと同様、保守時に、オリジナ
ルのプログラムを作った技術者の意図を推察することは非常に難しい。今回の
プログラムでは、下記に示す InputCpu 関数が理解しにくい。

```
void InputCpu() {
        //桁数用の変数の初期化
        int digit1 = 0;                 //1桁目
        int digit2 = 0;                 //2桁目
        int digit3 = 0;                 //3桁目
        int digit4 = 0;                 //4桁目

        srand((unsigned)time(NULL));

        //乱数から4桁の数値を作成
        while (1) {
                digit1 = rand() % 9;
                digit2 = rand() % 9;
                if (digit1 == digit2) {
                        continue;
                }
                digit3 = rand() % 9;
                if (digit1 == digit3 || digit2 == digit3) {
                        continue;
```

6.1 保守フェーズ特有の課題

```
            }
            digit4 = rand() % 9;
            if (digit1 == digit4 || digit2 == digit4 || digit3 ==
digit4) {
                    continue;
            }
            else {
                    break;
            }
    }
    //文字列を結合
    sprintf(cpu_str, "%d%d%d%d", digit1, digit2, digit3, digit4);
    cpu_str[MAX_SIZE - 1] = '¥0';
}
```

　ここでは、digit1, digit2, digit3, digit4 の 4 変数を宣言し、それぞれに乱数で生成した数値を代入している。その際、4 桁に同じ数字を含まないかチェックし、最終的に 4 桁に文字列を結合している。

　一見、それらしく見えるが、通常の考え方では、4 桁の数値を乱数で 1 個生成し、同じ数値あるか確認するほうが自然である。また、4 桁前提のコードとなっており、保守性が低い。プログラムの記述方法はさまざまだが、少々、効率が悪くても、処理時間がかかっても、コーディング行数が多くなっても、自然で理解しやすい処理にすべきである。

保守の方針
　機能を拡張する場合の方針の例を以下に示す。

(1) 桁数の変更
　InputCpu 関数を 5 桁に拡張し、「#define MAX_SIZE 5」を「#define MAX_SIZE 6」に変更する。

(2) 対戦用の関数を追加
(a) 先攻と後攻の決定
　2 人で交互に対戦するため、先行と後攻を決定する。以下に、変更方針を示す。
- 先攻と後攻を決定する TurnDecision 関数を作成する。
- 先攻と後攻は、標準関数の rand 関数を使い、ランダムで決定する。

第6章　保守フェーズのバグ

- ゲーム開始時に関数を呼び出し、先攻と後攻を決定する。

(b) 「コンピュータ側の意思決定」の AI を作成する
- CPU の数値入力の作成を main 関数の while ループ内に入れ、入力を繰り返せるように変更する。
- プレイヤーの数値を推測する関数を作成する。
- 数値は、ランダムで作成し、ヒットした場合は、その値を確定する。
- 先攻と後攻に従って、数値の推測の制御構造を変更する。

(c) 先攻後攻を 1 セット行い、試行回数が少ない方を勝利とする
- 試行した回数をカウントし、2 セット終了時に、合計値が少ないほうを勝利とする。

(3) デッドコード（余計なプログラム）を削除する

DebugOut 関数の対応をどうするかは悩ましい。余計なプログラムだが、思わぬ部分と関係しており、削除すると前と同じ動作をしない場合がある。削除する場合は、全機能が正常動作することを確認するための回帰テストを実施する必要がある。

(4) コメントを修正する

問題点にあったコメントを修正する。

問題 31　電卓プログラム（制限時間：30 分）

A 君は、学校の授業で電卓プログラムを作成している。四則演算を実装する方法として、逆ポーランド記法を用いる。A 君は、授業を参考に下記の仕様とプログラムを作成した。このプログラムの四則演算を一通り確認したところ、異常処理が十分でないことがわかり、第 2 バージョンでは、異常処理を実装することとした。下記の仕様とプログラムは、第 1 バージョンのものである。異常処理に関する第 1 バージョンのバグを指摘し、修正の方針を考えよ。

1.　機能概要

本プログラムは、コンソールから逆ポーランド記法の計算式を入力し、結果を出力するものである。

6.1 保守フェーズ特有の課題

2. 機能詳細

2.1 逆ポーランド記法の実現方法

逆ポーランド記法とは、数式やプログラムを記述する記法の１つである。この記法では、先頭から順番に記号を読み出し、式を計算する。

2.1.1 記号

今回対象とする記号を以下に示す。

0～9	半角英数字の 0～9
＋	加算記号
－	減算記号
＊	乗算記号
／	除算記号
	半角のスペース

2.1.2 逆ポーランド記法のアルゴリズム

下記に、逆ポーランド記法のアルゴリズムを示す。

(1) 対象外の記号が使用されていないかチェックし、対象外の記号の場合は、エラーを表示しプログラムを終了する。

(2) 先頭から１文字ずつ記号を探索し、改行が来るまで繰り返す。

(a)数値が来た場合は、一文字を一時変数に格納し、次の文字を調べる

　①次の文字が数値の場合は、一時変数に格納し(2)-(a)に戻る

　②次の文字が数値以外の場合は、一時変数をプッシュし、(2)に戻る。

(b)加算、減算、乗算、除算記号の場合は、スタックから２つの値をポップする。

　①加算の場合は、ポップした２つの値を加算する。その後、結果をスタックに入れ、(2)に戻る。

　②減算の場合は、ポップした２つの値を減算する。その後、結果をスタックに入れ、(2)に戻る。

　③乗算の場合は、ポップした２つの値を乗算する。その後、結果をスタックに入れ、(2)に戻る。

　④除算の場合は、ポップした２つの値を除算する。その後、結果をスタックに入れ、(2)に戻る。

153

第6章　保守フェーズのバグ

　　⑤ポップできる値が無い場合は、エラー・メッセージを表示し、プログラム
　　　を終了する。
(c)空白の場合は、(2)に戻る。
(3)　改行まで来た場合は、ポップした値を表示し、プログラムを終了する。

2.1.3　例題
　　以下に実際の例題を示す。なお、終端は改行とする。

逆ポーランド記法の例
　　　通常の式　　　　　　　　　(42 + 3) * (5 - 1)
　　　逆ポーランド記法の式　　42 3 + 51 - *
(1文字目)記号が数値であるため、「4」を一時変数に格納する。
(2文字目)記号が数値であるため、「2」を一時変数に格納する。
(3文字目)記号が空白であるため、一時変数に格納した「42」をスタックにプッシュする。
(4文字目)記号が「3」であるため、「3」を一時変数に格納する。
(5文字目)記号が空白であるため、一時変数に格納した「3」をスタックにプッシュする。
(6文字目)記号が + であるため、スタックにある「42」と「3」をポップし、加算した結果、「45」をプッシュする。
(7文字目)記号が空白であるため、次の文字へ進む。
(8文字目)記号が数値であるため、「5」を一時変数に格納する
(9文字目)記号が空白であるため、「5」をスタックに格納する。
(10文字目)記号が数値であるため、「1」を一時変数に格納する
(11文字目)記号が空白であるため、「1」をスタックに格納する。
(12文字目)記号がマイナスであるため、スタックにある「5」と「1」をポップし、減算した結果、「4」をプッシュする。
(13文字目)記号が空白であるため、次の文字へ進む。
(14文字目)記号が「*」のため、スタックにある「4」と「45」をポップし、乗算した結果、「180」をプッシュする。
(15文字目)記号が改行のため、スタックにある値を「180」ポップし、表示する。

6.1 保守フェーズ特有の課題

3. プログラム

```
/*
        PorlandCalculator.c
        電卓プログラム
*/
#include <stdio.h>
#include <string.h>
#include <stdlib.h>
#define MAX_SIZE 40                      //最大文字数38文字
//スタックの構造体
typedef struct {
        int data[MAX_SIZE];              //データ
        int sp;                          //スタックポインタ
}STACK_DATA;
void init(STACK_DATA* stack);
void push(STACK_DATA* stack, int value);
int pop(STACK_DATA* stack);
void iserror(char* str);
int main(void) {
        char eq[MAX_SIZE];               //入力する式
        char buf[MAX_SIZE];              //一時変数
        char* ptr;                       //文字列ポインタ
        int op1 = 0, op2 = 0;            //オペランド1,2
        int i;                           //ループ変数
        STACK_DATA stack;                //スタックの構造体変数

        //スタックを初期化
        init(&stack);

        //変数を初期化し、コンソールから式を入力
        memset(eq, '¥0', sizeof(eq));
        fgets(eq, sizeof(eq), stdin);

        //式にエラーが無いかチェックする
        iserror(eq);

        //入力した式が改行になるまで繰り返す
        ptr = eq;
        while (*ptr != '¥n') {
                //文字が「0~9」,「+」,「-」,「*」,「/」か判定する
                if (*ptr >= '0' && *ptr <= '9') {
                        i = 0;
```

第6章　保守フェーズのバグ

```
                    memset(buf, '¥0', sizeof(buf));
                    //次の文字が改行、空白、+、-、*、/まで繰り返す
                    while (*ptr != '¥n' && *ptr != ' ' && *ptr !=
'+' && *ptr != '-' && *ptr != '*' && *ptr != '/') {
                            buf[i++] = *ptr;
                            ptr++;
                    }
                    //値をプッシュする
                    push(&stack, atoi(buf));
                    if (*ptr == '¥n')
                            break;
            } else if (*ptr == '+') {
                    //値を加算し、結果をプッシュする
                    op2 = pop(&stack);
                    op1 = pop(&stack);
                    push(&stack, op1 + op2);
            } else if (*ptr == '-') {
                    //値を減算し、結果をプッシュする
                    op2 = pop(&stack);
                    op1 = pop(&stack);
                    push(&stack, op1 - op2);
            } else if (*ptr == '*') {
                    //値を乗算し、結果をプッシュする
                    op2 = pop(&stack);
                    op1 = pop(&stack);
                    push(&stack, op1 * op2);
            } else if (*ptr == '/') {
                    //値を除算し、結果をプッシュする
                    op2 = pop(&stack);
                    op1 = pop(&stack);
                    push(&stack, op1 / op2);
            }
            ptr++;
    }

    //結果を出力する
    if (stack.sp == 1){
            printf("結果 = %d¥n", pop(&stack));
    } else {
            printf("計算エラー¥n");
    }
    return 0;
}
```

6.1 保守フェーズ特有の課題

```c
//エラーチェック用関数
void iserror(char* eq){
        int i, len = strlen(eq) - 1;

        if (eq[len] == '¥n'){
                //文字列を改行が来るまで繰り返し、
                //不正な文字が入っていないか確認する
                for (i = 0; eq[i] != '¥n'; i++) {
                        if (!(eq[i] >= '0' && eq[i] <= '9')) {
                                if (eq[i] != '+' && eq[i] != '-' &&
                                    eq[i] != '*' && eq[i] != '/' &&
                                    eq[i] != ' ' && eq[len] != '¥n'
) {
                                        printf("計算エラー¥n");
                                        exit(1);
                                }
                        }
                }
        } else {
                printf("計算エラー¥n");
                exit(1);
        }
}
//スタックの初期化
void init(STACK_DATA* stack) {
        int i;

        //データ、スタックポインタを初期化する
        for (i = 0; i < MAX_SIZE; i++) {
                stack->data[i] = 0;
        }
        stack->sp = 0;
}
//プッシュ関数
void push(STACK_DATA* stack, int value) {
        //プッシュ可能な場合は、プッシュ操作をする
        if (stack->sp < MAX_SIZE) {
                stack->data[stack->sp] = value;
                stack->sp++;
        } else {
                printf("計算エラー¥n");
                exit(1);
        }
```

157

第 6 章　保守フェーズのバグ

```c
}
//ポップ関数
int pop(STACK_DATA* stack) {
        int value = 0;

        //ポップ可能な場合は、ポップ操作をする
        if (stack->sp > 0) {
                stack->sp--;
                value = stack->data[stack->sp];
                stack->data[stack->sp] = 0;
                return value;
        } else {
                printf("計算エラー¥n");
                exit(1);
        }
}
```

4.　実行結果例

　42 3 + 5 1 - *

　結果 = 180

5.　制限事項

　　対象の記号入力の最大文字数は 38 文字とし、ポーランド記法での式入力に
は、誤りが無いものとする。また、計算に必要なデータ形式は、int 型の大き
さに限定する。そのため、小数の演算は考慮しない。

解答 31　電卓プログラム

　　この問題は、ポーランド記法による電卓プログラムに対し、異常処理を保守
として実装するものである。実際の開発プロジェクトでは、開発開始のはじめ
は異常処理を考慮せずにとにかく作り、その後異常ケースを追加する方法もあ
る。今回は、その例題と考えてほしい。

　　電卓のプログラムは非常に簡単に見えるが、意外と難しい。特に、演算のオ
ーバーフローやゼロ除算の対策は、想像以上に面倒である[25]。

6.1 保守フェーズ特有の課題

(1) バグ

このプログラムのバグを以下に示す(解答31-表1)。

(a)オーバーフローを考慮していない

(i)2つの値を加算する際、結果がint型の範囲を超えると、オーバーフローする。

例：2147483647 + 1

(ii)2つの値を減算する際、結果がint型の範囲より小さいと、オーバーフローする。

例：-2147483648 - 1

(iii)2つの値を乗算する際、結果がint型の範囲を超えると、オーバーフローする。

例：9999999 * 9999999

(iv)int型の最小値を「-1」で除算するとint型の最大値を超え、オーバーフローする。

例：-2147483648 / (-1)

(b)ゼロ除算を考慮していない

0で除算をする場合は、「ゼロ除算」が発生する。

例：100 / 0

解答31-表1 電卓プログラムのバグ

バグ名	分類番号	不良分類名	作り込みフェーズ	検出フェーズ	重要度
加算のオーバーフロー	32xx	処理	設計	テスト	大
減算のオーバーフロー	32xx	処理	設計	テスト	大
乗算のオーバーフロー	32xx	処理	設計	テスト	大
除算のオーバーフロー	32xx	処理	設計	テスト	大
ゼロ除算	32xx	処理	設計	テスト	大
過大な入力	32xx	処理	設計	テスト	大

159

第6章　保守フェーズのバグ

(c)過大な入力値に対応していない

数値の入力時に、int の範囲を超えた入力値を考慮していない。

　例：999999999999 – 100

(2)　異常処理対策の方針

(a)オーバーフローと(b)ゼロ除算の対策

オーバーフローとゼロ除算の対策方法は、いろいろある。以下に一例を示す。

　下記の関数を作成し、各演算前に実行する。オーバーフローやゼロ除算の場合、計算エラーとする。

　(i)加算のオーバーフロー検出

　　以下の場合、オーバーフローとする。

　　`a > INT_MAX - b`

　(ii)減算のオーバーフロー検出

　　以下の場合、オーバーフローとする。

　　`a > INT_MAX + b`

　(iii)乗算のオーバーフロー検出

　　`a > INT_MAX / b`

　(iv)ゼロ除算、および、除算のオーバーフロー検出

　　`b == 0` または、`a == INT_MAX`、かつ`b == -1`

(c)過大な入力対応

このプログラムでは、int 型の最大値を超える過大入力に対応できていない。C 言語であれば、strtol 関数などを用いて入力を制限する。

このプログラムの場合、下記を満たす関数を作成すればよい。

　数値をスタックに入れる前に、値をチェックし、9999999 より大きい値であれば、入力エラーとする。

付録1　バグの分類表

分類番号		不良分類名
1xxx		機能不良、要求仕様
	11xx	要求仕様誤り
	12xx	仕様の論理
	13xx	要求仕様の完全性
	14xx	確認容易性
	15xx	表示、ドキュメンテーション
	16xx	要求仕様変更
2xxx		開発された機能不良
	21xx	正確性
	22xx	概要機能の完全性
	23xx	場合分けの完全性
	24xx	領域不良
	25xx	ユーザ / 診断メッセージ
	25xx	例外不良の誤り
	29xx	その他の機能不良
3xxx		構造不良
	31xx	制御不良とシーケンス不良
	32xx	処理
4xxx		データ
	41xx	データ定義、構造、宣言
	42xx	データのアクセスと取扱い
	49xx	その他のデータの問題
5xxx		インプリメント
	51xx	コーディング、パンチ
	52xx	規約違反
	53xx	ドキュメンテーション

付録1　バグの分類表

分類番号		不良分類名
	59xx	その他インプリメント
6xxx		システム統合
	61xx	内部インタフェース
	62xx	外部インタフェースとタイミング
	69xx	その他のインプリメント
7xxx		システム、ソフトウェア構成
	71xx	OS の不良
	72xx	ソフトウェア構造
	73xx	回復不良、課金
	74xx	性能
	75xx	誤ったメッセージ、例外処理
	76xx	パーティション、オーバレイ
	77xx	システムジェネレーション、環境
8xxx		テストの定義、実行に関わる不良
	81xx	テスト設計不良
	82xx	テスト実行不良
	83xx	テストのドキュメンテーション
	84xx	テストケースの完全性
	89xx	その他のテスト設計／実行不良
9xxx		その他の不良記述されていないもの

付録2　動作環境、および、構築法

Cygwin 環境構築

本書の読者は、プログラミング入門書レベルの知識を持っているため、何らかの環境を構築済みと思われる。ただし、動作環境によって実行結果が変わる可能性がある。

本書では、下記に示す動作環境で実行した。
- OS：Windows10 64 ビット版
- コンパイラ：Cygwin GCC
- 文字コード：「UTF-8」、改行コード：「CR+LF」

以下に、動作環境構築の作業手順を示す。

(1)　**Cygwin インストールファイルのダウンロード**

「https://www.cygwin.com/」にアクセスし、「Install Cygwin by running Setup-x86.exe」を選択し、「setup-x86_64.exe」をダウンロードする。

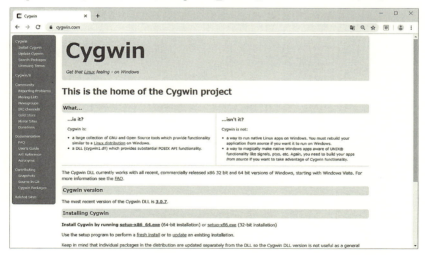

(2)　**Setup.exe を起動する**

ダウンロードした「setup-x86_64.exe」を起動し、「次へ(N)>」を選択する。

付録 2　動作環境、および、構築法

(3) **インストール**

　インターネットからインストールする「Install from Internet」を選択し、「次へ(N)>」を選択する。

(4) **インストールディレクトリ画面**

　「All Users(RECOMMENDED)」にチェックし、「次へ(N)>」を選択する。

(5) **ローカルパッケージディレクトリ画面**

　ローカルパッケージディレクトリのパスを入力し、「次へ(N)>」を選択する。

(6) **通信タイプ選択画面**

　「Direct Connection」にチェックし、「次へ(N)>」を選択する。

(7) **ダウンロード場所選択画面**

　ダウンロードする URL を選択し、「次へ(N)>」を選択する。

付録 2　動作環境、および、構築法

(8) **パッケージ選択画面**

　GCC をダウンロードするため、「Devel」左の「＋」を選択し、一覧を表示する。

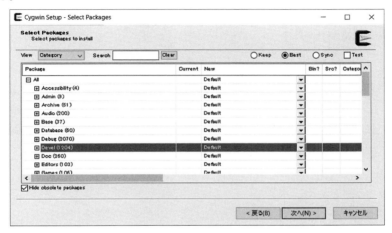

(9) **パッケージ選択画面-2**

　gcc-core 右のチェックボックスを選択し、使用するバージョンを選択する。今回は、7.4.0-1 とする。

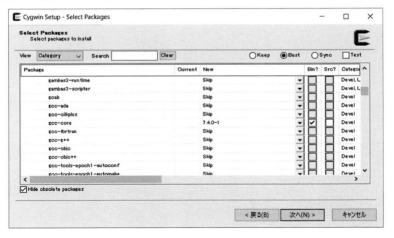

165

付録2　動作環境、および、構築法

⑽　インストール状況とアイコン作成画面

「次へ(N)>」を選択し、その後、以下の画面で任意にチェックをし、「完了」を選択する。

⑾　設定確認

Cygwin を立ち上げ、以下のコマンドを実行する。

`gcc --version`

```
$ gcc --version
gcc (GCC) 7.4.0
Copyright (C) 2017 Free Software Foundation, Inc.
This is free software; see the source for copying conditions.  There is NO
warranty; not even for MERCHANTABILITY or FITNESS FOR A PARTICULAR PURPOSE.
```

gcc のバージョン番号が表示できればインストールは完了。

⑿　プログラムのコンパイル

プログラムをコンパイルする場合は、以下のコマンドを実行する。

`gcc ファイル名.c`

プログラムを実行する場合は、以下のコマンドを実行する。

`./a.exe`

注　釈

第 1 章　バグについてのいろいろ

1.5　デバッグとテストの決定的な違い

＊ 1：テスト項目の設計段階で、非常に多くのバグが見つかる。これは、「仕様を具体的な値で表現したものがテスト項目」であり、具体的な値で仕様を見直すプロセスが「テスト項目の設計」であるためである。開発エンジニアがテスト項目を設計する場合、「仕様を再チェックしている」との視点で設計することが重要。

第 2 章　要求仕様フェーズのバグ

2.3　要求仕様フェーズのバグの問題

解答 2　小学生用算数アプリケーション・プログラムのバグ

＊ 2：1 以上の正の整数（自然数）で直角三角形ができる 3 つの数の組合せを「ピタゴラス数」と呼ぶ。有名なものとして、「3、4、5」「5、12、13」「7、24、25」「8、15、17」「9、40、41」などがある。自然数で直角三角形ができる 3 つの数の組合せは、無限個数ある。例えば、「3、4、5」に 2、3、4、……を乗じた「6、8、10」「9、12、15」「12、16、20」「……」も、直角三角形になる。

第 3 章　設計フェーズのバグ

解答 6　ミケランジェロの呪い

＊ 3：蛇足ながら、閏年の計算法は、① 4 で割り切れる年は閏年。②ただし、100 で割り切れる年は平年。③ 400 で割り切れる年は閏年。閏年の計算が面倒なのは、年の真ん中で余計な 1 日が増えることにある。そこで、発想を転換し、1 年の始まりを 1 月 1 日ではなく、3 月 1 日にすれば、最後の 1 日が「増える・増えない」という単純な問題になる。

＊ 4：上記のように、ミケランジェロの誕生日である 3 月 6 日が、閏日（2 月 29 日）以降の最初の金曜日となり、また、翌週が（自動的に）13 日の金曜日になるのが、東京オリンピック開催の 2020 年である。単なる閏年の計算バグなのに、ミケランジェロ・ウィルスが原因と誤認する可能性がある。逆に、閏年のバグが出るとしたら、2020 年 3 月 6 日、2024 年 3 月 6 日、……と思われる。

解答 8　日報アプリケーション

＊ 5：過去の最大文字数は 4 文字で、「天平感宝（749 年 4 月〜同年 7 月）」「天平勝宝（749 年 7 月〜757 年）」「天平宝字（757 年〜765 年）」「天平神護（765 年〜767 年）」「神護景雲（767 年〜770 年）」の 5 つが連続して存在した。現在の「元号法」には、文字

167

注　釈

数に関する規定はないが、元号選定の方法を具体的に定めた「昭和54年10月23日閣議報告(1979年)」では、「漢字2文字」と規定している。もちろん、「漢字2文字」との規定は、将来、変わり得る。

第4章　コーディング・フェーズとデバッグ・フェーズのバグ
4.1　バグの最大多数は「書き間違い」
＊6：脱字の反対で、余計な文字があること。「脱字」は頻出単語なのに、「衍字」が難読・難解単語になったのは不思議。

解答13　FizzBuzz問題
＊7：2007年から2008年にかけて、お笑い芸人の「世界のナベアツ(現在は、落語家の桂三度として活動中)」が大ブレークした。iPhoneが日本にデビューして大きな話題になったころである。「世界のナベアツ」の大ヒットネタが「3の倍数と3が付く数字のときだけアホになります」で、記憶している読者も多いだろう。当時、小学生の間で爆発的な人気になり、小学校の先生が、「算数の九九の時間に、みんながこのマネをして授業になりません」と困ったらしい。
　この「3でアホになる」ネタの元と思われるのが「FizzBuzz」で、英国の子どもの遊びだ。子どもが輪になって座り、1から順番に数字を声に出すが、3の倍数のときは数字ではなく「Fizz(擬音で、シャンパンの泡の音のようなシュワシュワ)」、5の倍数のときは「Buzz(これも擬音で、蜂の羽音のようなブンブン)」、3と5の両方の倍数のときは「FizzBuzz」と叫ぶ。つまり、1、2、シュワシュワ、4、ブンブン、シュワシュワ、7、8、シュワシュワ、ブンブン、11、シュワシュワ、13、14、シュワシュワブンブン、16……と続く。
　この「FizzBuzz」は、英国の子どもだけでなく、世界のソフトウェア業界でも非常に有名。「世界のナベアツ」がブレークする前から、「これを出題してコーディングさせれば、プログラミングの素質がないプログラマを99.5%の確率でフィルタリングできる」とのふれこみで「伝説的な問題」になっている。「99.5%」が、どこから計算した「自信」なのか根拠は不明だが、そんなことは誰も気にしない(筆者としては、「少しは気にてほしい」と思う。プログラミングに必要な思考回路と、科学的に一歩ずつ進める論理回路は違うのかもしれない)。また、「FizzBuzz問題」を論じる人が、枕詞のように、「私は出題された経験はないが……」と断ってから自説を展開しているのも「都市伝説」じみている。
　この問題には信者が多く、「情報処理工学専攻の大学院生でも簡単にはコーディングできない」「FizzBuzzを難しく感じる背景には、2次方程式の解のような決まった解法がなく、自分でアルゴリズムを考えねばならないため」「プログラミングの素養があるエンジニアなら5分以内でコーディングできるはず」「これをプログラミングする時、if文で5の倍数かどうかを2回チェックしなければならないのが混乱の源」など、肯定的なコメントが花盛りである。また、これを「最小行数でコーディングする」「剰余演算子である%を使わないで実装する」など、より制限の強い世界で

注　釈

技を競うエンジニアもいて、なかなかの人気が高い。

　ちなみに、筆者は、「直感では簡単に理解できるが、実装は面倒であることが人気の秘密」「有能なプログラマとして、FizzBuzz問題を解くことは必要条件だが、十分条件ではない」と思う。

解答14　コンパイル・エラー

⑴　17行目「i<10」にセミコロンが入っていない

＊8：プログラム言語によっては、セミコロンを使わないものもある。

　コンピュータ用のプログラミング言語は、人間が普段使う自由な自然言語とは異なり、非常に厳格なルールがある。2017年、「忖度」というワードが、日本中の話題となったが、コンピュータは人間の考えを察して、プログラムを実行することはない。

　プログラミングを作る際、コンパイルというハードルを越えられず、苦労することがある。例えば、「書籍に載った100行程度のプログラムを写したところ、コンパイル・エラーが大量に出た。いろいろ修正したがエラーが消えず、実行できなかった」経験は誰にもあるだろう。筆者も、書籍のソース・コードを手入力し、1回でコンパイルできることもあれば、エラーから抜け出せず、中途半端な気持ちで諦めるときもある。

　コンパイル・エラーの悩みは、プログラミングの初心者である学生も同じだ。筆者は、学生のプログラミング演習を教室の後ろから見ることがあるが、やはり、悩みはコンパイル・エラーである。例えば、教員が例題を提示して学生が写す場合、大半の学生は正常に実行できるが、数人は実行できない。辛く苦しい時間である。ティーチングアシスタントが巡回してくるころには、教員が次のプログラムへ移り、実行できない学生が授業についていけなくなったりする。

⑷　19行目「prntf」となっている

＊9：筆者は、プログラミング初学者が学習する様子を後ろから見たことがある。その経験から、初心者のコンパイル・エラーの「金メダル」が、「#include<stdio.h>」だろう。大抵、「#include<studio.h>」とスペルを間違う。「スタジオ」という英語を連想することも原因だが、そもそもこの構文が何を意味するか知らないまま打ち込んでいることが大きい。

4.3　コーディング・フェーズのバグの問題（中級）

解答17　標準偏差計算プログラム

⑴　scanfの記述方法が正しくない

＊10：筆者がプログラムのデバッグをしていたときのこと。プログラムの動作が思いどおりにいかないため、プログラムにscanf関数とprintf関数を仕込み、確かめようとした。その後、結果を確かめると、先ほど起こった現象が再現しない。悩みながらもう一回プログラムを確認すると、scanf関数に＆が入っておらず、デバッグが正しく出来ていないことがわかった。1つのことに意識が偏ると、正常な判断ができ

169

注　釈

ないと痛感した。

解答 18　文字列連結プログラム

＊11：本環境での、各変数のアドレスの末尾 2 桁を記載した。別の環境で実行すると同様の結果とならない場合がある。

4.4　コーディング・フェーズのバグの問題（上級）
問題 21　2 分探索法

＊12：実際の図書館では、書名の「あいうえお順」ではなく、別の分類をしている。図書館に行くたびに素晴らしいと思うのは、「人間の内面、外面、地球上のものだけでなく、銀河系のあらゆるもの、森羅万象のすべてを分類している」ことだ。図書館には、銀河系よりはるかに大きい宇宙があることになる。

　日本の図書館で使っている分類法は「日本十進分類法」である。コンピュータやソフトウェアの情報処理系の本は、「新参者の学問」であるゆえ、007（情報科学）336（経営管理）418（数理統計）547（通信工学・電気通信）548（情報工学）とあちこちにばらまかれている。図書館で、書架を行ったり来たりして不便な思いをしたエンジニアが多いと思うが、「日本十進分類法」の原形が誕生したのは 1928 年で、コンピュータの影も形もない時代。「現在の分類を維持しつつ、新しい学問を追加できる」分類法が理想だが、残念ながら、「日本十進分類法」は、データベースでいう「階層型」を採用したため、上から下に向かって細かくなる木構造となり、「ハードウェア」「ソフトウェア」「通信」「離散数学」は別々の枝になってしまった。今、考えると、図書の分類が、データ構造に依存しない「リレーショナル型」であればよかったとは思うが、図書館情報学系の研究者は、使いやすい分類を目指して日夜、研究に励んでいる。

解答 21　2 分探索法
(3)　右側、左側の配列の演算が間違っている

＊13：友人の外科医が、「OS を含め『Word』や『Excel』などのソフトウェアは、10 年以上前にリリースされた物を使う。最新版は絶対に使わない」と言っていた。最新版にアップグレードすると、患者のデータを入れたファイルが互換性の問題で読めなくなったりデータが化けたりする可能性があること、それ以上に、新しいソフトウェアはバグが枯れ切っていないので、怖くて使えないとのことだった。

　20 年以上前だと思うが、マイクロソフトのカスタマーサポートセンターに胸部外科医から電話がかかり、「今、患者の心臓手術中なのだが、患者の Excel のデータを読めない。大至急、対策を教えてほしい」との緊急コールがあったらしい。また、1990 年の湾岸戦争での「砂漠の嵐作戦」で、戦闘中の兵士から同サポートセンターに国際電話が入り、作戦遂行に必要な Excel のデータが読めないとの SOS が入ったとの話も聞いたことがある。それまで、筆者は、航空管制システムや心臓のペースメーカーのソフトウェアに比べ、Word も Excel も、バグがあっても人の生死に関わ

らないので、開発者は品質制御から生じるストレスを受けないと思っていたが、そうではないと知ってビックリし、反省した。

解答22　ファイルの文字表示プログラム
＊14：CR、LF という言葉は、タイプライターから来ている。タイプライターは、キャリッジと呼ぶ紙を固定する機構に、紙を差し込んで文字を打つ。紙を固定してキーを打つと1文字を印字し、紙が自動的に1文字分左側にずれる。紙が行の最後に来るとベルが鳴り、タイピストは手で紙を行の先頭に戻して、紙を1行下にずらす。つまり、紙を行の先頭に戻すことを「キャリッジリターン」、紙を1行下にずらすことを「ラインフィード」と呼ぶ。ちなみに、タイプライターのキーの並びがアルファベット順でないのは、特定の指が疲れないようにするためらしい。なお、一番上の段の文字だけで「typewriter」と打てる。

＊15：昔、顧客先でプログラムの動作確認を実施したときのことである。開発担当でないエンジニアが現地で外部入力ファイルを作成し、プログラムを実行したところ、正しい結果にならなかった。エンジニアはソフトウェアのバグだと思い、ソース・コードを何度も細かくチェックしたが、バグは見つからない。エンジニアはその結果を開発者に報告し、原因を調査するように依頼。数時間後、開発者から来た回答は、「ソフトウェアのバグではなく、改行コードか文字コードが違っているので、修正してください」であった。

解答23　ストップウォッチ・シミュレータの仕様
＊16：「超高速で処理できる」という利点は、裏を返すと、「超高速でしか計算できない」という欠点となる。「高速で飛べる」のは、飛行機の大きな利点だが、逆の見方をすると、「高速でしか飛べない」という欠点を抱えている。そこで発明されたのが、空中で静止したり、後ろ向きにも進めたりするヘリコプターだ。ヘリコプターは、燃費が悪く、構造も複雑だが、「高速でしか飛べない」という欠点がある飛行機では入り込めない独自の市場を築いている（日本でも導入した米国製のステルス戦闘機「F35B」は、垂直離着力や空中停止が可能だが、垂直離陸した場合の燃料消費が異常に多く、また、1機100億円と異常に高価。飛行機として、垂直離着陸機は民間機レベルでは実現しそうになく、ヘリコプターの独壇場である）。長所と短所は、常に背中合わせだ。

＊17：プログラマの口癖はいろいろあるだろう。筆者がよく言っていたのが、「私の環境だと正しく動いた」である。例えば、完成したプログラムを同僚の環境にコピーして実行すると、先ほどまで正常に動いていたプログラムが、まったく動かない。不思議に思い調査すると、自分のプログラムのバグが原因だったことがある。プログラムは、筆者の環境でたまたま動いていただけだったのだ。動作環境が同じでないことが動作不良の原因となる場合もあるため、要注意。

注　釈

＊18：コンビニの ATM 制御プログラムのような、1 年 365 日、1 日 24 時間も稼働させる組込みソフトウェアの対極にある「短命なプログラム」の例が、ロボットコンテストでの制御プログラムである。スタートの 10 秒前から動作し、5 分後には終了する。5 分強、正常に動けばよい。稼働時間が 5 分程度なら、メモリの返却漏れのバグがあってもプログラムがフリーズすることはないだろう。

第 5 章　テスト・フェーズのバグ
5.2　テスト・フェーズのバグの問題
解答 25　売上げ金額計算プログラム

＊19：B 君の合計金額の端数処理は、Excel のセルの書式設定に依存する。Excel は、便利なツールだが、目に見えない箇所にいろいろなパラメータがあり、注意したい。

＊20：1970 年代の有名な話。米国のある銀行がコンピュータを初めて導入した。そのときのプログラマが、利息計算で生じた 1 セント未満の端数を自分の口座へ振り込むよう不正なコーディングをした。月に数十ドルほど稼げると思ったが、実際には全顧客の端数が一斉に自分の口座へ流れ込んで数十万ドルもの巨額になり、怖くなって自白したらしい。塵が大量に積もって巨大な山となった。

解答 28　温度変換プログラム

＊21：単位の誤解による歴史的な大事故が、1983 年 7 月 23 日の「ギムリー・グライダー」である。カナダのケベック州モントリオールからアルバータ州エドモントンへ向かうエア・カナダ 143 便が飛行中に燃料切れを起こし、マニトバ州のカナダ空軍ギムリー基地の滑走路へグライダーのように滑空して緊急着陸した事故。いろいろなヒューマン・エラーが重なった事故だが、最大のエラーは、離陸地、モントリオールでの給油量を間違えたこと。当時、エア・カナダでは、ヤード・ポンド法からメートル・キログラム法への移行中で、作業員が燃料残量から給油量を計算するとき、誤って、扱い慣れたリットルとポンドの比重 1.77 ポンド/リットルを使用した（正しくは、リットルとキログラムの比重 0.803 キログラム/リットル）。これにより、20,088 リットルを給油すべきところ、5 分の 1 以下の 4,916 リットルしか給油しなかった。機長の神業的な操縦と幸運が重なり、乗員乗客 69 名は全員が生還した（負傷は 10 名）。

＊22：欧米でよく使う華氏は、ドイツの物理学者ガブリエル・ファーレンハイトが 1724 年に考案したもの。屋外の最も低い温度を 0 度、自分自身の体温を 100 度にしようとし、厳寒期に自宅で計測した気温（−17.8℃）を「華氏 0 度」、体温（37.8℃）を「華氏 100 度」とした。ある意味、生活に密着した温度システムといえる。

172

注　釈

第6章　保守フェーズのバグ
6.1　保守フェーズ特有の課題
問題30　ヒットアンドブローゲーム
＊23：本書には、筆者が書いたプログラムを記載している。「読みにくい。こうした
ほうがわかりやすい」と思っている読者が大半だろう。本書のような小規模プログ
ラムなら、一から書き直したほうが早く正確に修正できるだろうが、既に稼働して
いる現場のソフトウェアではそうはいかない。読みにくいプログラムでも変更でき
ない。本書では、その苦しみも体験していただきたい。

解答30　ヒットアンドブローゲーム
＊24：保守担当のエンジニアは経験しているだろうが、既存のソフトウェアを保守
する際、プログラムの構造をきれいにした状態でリリースしているとは限らない。
大半は、リリースのデッドラインに追われ、修正する余裕がない。

解答31　電卓プログラム
＊25：学生が書くプログラムと、ビジネスとして書くプログラムには、良い点、悪
い点がある。学生は経験が少ないが、宿題として出した仕様書と数百行程度のプロ
グラムを1週間程度で力任せに書く。さらに、社会人と比べると労働時間の規制に
縛られないため、2〜3日徹夜してプログラミングする時間と体力を持っている。た
だし、開発規模は、大きくても1000行程度だろう。

　一方、プロのソフトウェア開発者は、自社の関係部署や他社と綿密に連携をとり
ながら、プログラムを作成する。プロジェクトとして複数人で開発することが多く、
小規模プログラムでも数万行の規模となる。

　筆者は、「学生プログラミング」と「商用プログラム」の決定的な違いは、異常時
の処理と品質にあると思う。プログラミング演習や学術論文では、異常ケースは想
定しないし、品質にこだわらない。正常ケースが稼働すれば十分なのだ。

　まず、異常ケースだが、プログラムを「料理のレシピ」とすると、カレーのレシ
ピでは、「①水1リットルを鍋に入れる。②ガスコンロを点火して、水を90℃に熱
する。③玉ねぎ1個を切って鍋に入れる。④ニンジンを1本切って鍋に入れる。⑤
ジャガイモを1個切って鍋に入れる。⑥牛肉を200g切って鍋に入れる。⑦カレー粉
を加えて煮込む」となる。市販のレシピ本でも、使う調味料やスパイス、野菜の切
り方は凝っていても、大きな違いはない。「学生プログラミング」では、カレーさえ
調理できればよく、この程度の記述で十分である。家庭で、「アルザス風白アスパラ
ガスのブイヨン煮込み」みたいに複雑な料理を作る場合でも、レシピの「粒度」「複
雑さ」「記述の範囲」は「カレーの作り方」と同じだろう。

　一方、プロの技術者のプログラミングでは、「①水1リットルを鍋に入れる」と聞
いて、「断水で水道から水が出なかった場合は、ペットボトルのミネラルウオーター
を使う。ペットボトルの水がなければ、近くのスーパーマーケットへ買いに行く。
スーパーで水が売り切れていたり、スーパーが閉店していたり……」とエラーケー

173

注　釈

スをたっぷり考える。「②ガスコンロを点火して、水を 90℃ に熱する」についても
同様で、ガスが点かない場合、カセットコンロを使おう。その時、ガスボンベの残
量が少ない場合、スーパーマーケットへ買いに行き……」となる。

　品質に関して、カレーのレシピで、学生プログラミングでは、「玉ねぎ、にんじ
ん、ジャガイモ、牛肉を入れるのに 5 分ぐらいしかかからない」と考える。「食材の
準備に手間取り、お湯が沸騰して蒸発して火事になる可能性はないか」とは考えな
い。考えつかないことは、当然、テストもしない（と言うより、できない）。学生プ
ログラミングでは、正常ケースで、かつ、「いつも入力しているデータ値の範囲」で
正常に動作すればそれで満足する。きわめて楽観的である。一方、プロのエンジニ
アは非常に悲観的だ。事故や事件が起きないか、あら探しをする。単なる「カレー
のレシピ」なのに、ガス爆発や断水や火事、包丁で指を切った場合の救急搬送まで
心配する。

　誤解をしてほしくないが、筆者は「学生プログラミング」に価値はなく、「商用プ
ログラム」が優れていると言っているのではない。それぞれに良い点と課題がある。
「学生プログラミング」の良いところは、ある意味、趣味のプログラミングのため、
時間とお金を好きなだけ注げる「研究目的」のプログラミングが可能となる点であ
る。「商用開発」では、そんなぜいたくは許されない。利益が出ないプロジェクト
は、容赦なく途中打ち切りとなる。
「学生プログラミング」がソフトウェア業界に大きく貢献した好例が「UNIX」だ。
学生が中心になって、OS のソース・コードを開発・保守・公開し、配布した。これ
により、ソフトウェアの技術が世界的に急激に上がり、共通の基盤でアプリケーシ
ョンを開発する機運が生まれ、ソフトウェア開発を志望する学生も増えた。少なく
とも筆者にとって UNIX の誕生は、ソフトウェアを一般に広めた革命的な出来事で
ある。

参考文献

問題 4　文字変換表のバグ
［ 1 ］　種田元樹：『C 言語本格入門─基本知識からコンピュータの本質まで』、種田元樹、技術評論社、2018 年。

問題 5　迷路探索プログラム
［ 2 ］　山本貴光：『デバッグではじめる C プログラミング』、翔泳社、2008 年。

問題 15　2 行 2 列の行列計算
［ 3 ］　Wendy Stahler（著）、山下恵美子（訳）：『ゲーム開発のための数学・物理学入門 初版』、ソフトバンククリエイティブ、2005 年。

問題 16　カウンタのバグ
［ 4 ］　独立行政法人情報処理推進機構ソフトウェアエンジニアリングセンター：『組込みソフトウェア開発向けコーディング作法ガイド［C 言語］』、翔泳社、2006 年。

問題 17　標準偏差計算プログラム
［ 5 ］　白砂堤津耶：『例題で学ぶ初歩からの統計学 第 2 版』、日本評論社、2015年。

問題 18　文字列連結プログラム
［ 6 ］　藤原博文：『C プログラミング専門課程』、技術評論社、1994 年。

問題 19　1 文字スタックプログラム
［ 7 ］　B. W. カーニハン、D. M. リッチー（著）、石田晴久（訳）：『プログラミング言語 C 第 2 版 ANSI 規格準拠』、共立出版、1989 年。

問題 20　旅行者情報管理プログラム
［ 8 ］　Micheal J. Donahoo, Kenneth L, Calvert（著）、小高知宏（訳）：『TCP/IP ソケットプログラミング C 言語編』、オーム社、2003 年。

問題 21　2 分探索法
［ 9 ］　河西朝雄：『C 言語によるはじめてのアルゴリズム入門［第 3 版］』、技術評論社、2008 年。
［10］　ジョン・ベントリー（著）、小林健一郎（訳）：『珠玉のプログラミング 本質を見抜いたアルゴリズムとデータ構造』、丸善出版、2014 年。

問題 22　ファイルの文字表示プログラム
［11］　矢野啓介：『［改訂新版］プログラマのための文字コード技術入門』、技術評論社、2018 年。

問題 23　ストップウォッチ・シミュレータの仕様
［12］　花井志生：『モダン C 言語プログラミング─統合開発環境、デザインパターン、エクストリーム・プログラミング、テスト駆動開発、リファクタリング、継続的インテグレーションの活用』、KADOKAWA/アスキー・メディアワークス、2013 年。

問題 26　三角形判定プログラム
［13］　J. マイヤーズ、T. バジェット、M. トーマス、C. サンドラー（著）、長尾真（監訳）、松尾正信（訳）：『ソフトウェアテストの技法 第 2 版』、近代科学社、2006 年。

参考文献

問題 27　曜日算出プログラムの単体テスト
[14]　種田元樹：『本当は怖いC言語』、秀和システム、2012 年。
[15]　片山真人：『暦の科学』、ベレ出版、2012 年。
問題 28　温度変換プログラム
[16]　伊藤幸夫、寒川陽美：『これだけ！単位』、秀和システム、2015 年。
問題 30　ヒットアンドブローゲーム
[17]　伊庭斉志：『Cよる探索プログラミング─基礎から遺伝的アルゴリズムまで』、オーム社、2008 年。
問題 31　電卓プログラム
[18]　B. W. カーニハン、D. M. リッチー(著)、石田晴久(訳)：『プログラミング言語C 第 2 版 ANSI 規格準拠』、共立出版、1989 年。
付録 1　バグの分類表
[19]　ボーリス・バイザー(著)、小野間彰、山浦恒央(訳)、『ソフトウェアテスト技法』、日経 BP、1994 年。

著者紹介
山浦恒央(やまうら　つねお)
1977年、日立ソフトウェアエンジニアリングに入社、1984年から1986年、カリフォルニア大学バークレイ校客員研究員。2006年より、東海大学情報理工学部ソフトウェア開発工学科准教授、同大学院組込み技術研究科准教授を経て、現在、同大学非常勤講師。博士(工学)。主な著作、翻訳書は、『ピープルウェア』『ソフトウェアテスト技法』『ソフトウェア開発55の真実と5つのウソ』『デスマーチ』(以上、日経BP)、『ビューティフルテスティング』(オライリー・ジャパン)。

大森祐仁(おおもり　ゆうじん)
2016年、情報処理系の修士課程修了。修士(工学)。ソフトウェアエンジニア。現在、主に組込み系のソフトウェアの開発に従事。

ソフトウェア技術者のための
バグ検出ドリル

2019年11月27日　　第1刷発行

著　者	山　浦　恒　央
	大　森　祐　仁
発行人	戸　羽　節　文

検　印
省　略

発行所　株式会社 **日科技連出版社**
〒151-0051　東京都渋谷区千駄ヶ谷5-15-5
DSビル
電　話　出版 03-5379-1244
営業 03-5379-1238

Printed in Japan　　　　印刷・製本　　株式会社三秀舎

© *Tsuneo Yamaura, Yujin Ohmori 2019*
ISBN 978-4-8171-9683-5
URL http://www.juse-p.co.jp/

本書の全部または一部を無断でコピー、スキャン、デジタル化などの複製をすることは著作権法上での例外を除き禁じられています。本書を代行業者等の第三者に依頼してスキャンやデジタル化することは、たとえ個人や家庭内での利用でも著作権法違反です。